AF146073

Louis Pasteur

Die in der Atmosphäre vorhandenen organisirten

Körperchen,

Prüfung der Lehre von der Urzeugung

Louis Pasteur

Die in der Atmosphäre vorhandenen organisirten Körperchen,
Prüfung der Lehre von der Urzeugung

ISBN/EAN: 9783743673977

Hergestellt in Europa, USA, Kanada, Australien, Japan

Cover: Foto ©berggeist007 / pixelio.de

Weitere Bücher finden Sie auf **www.hansebooks.com**

Die in der Atmosphäre vorhandenen

ORGANISIRTEN KÖRPERCHEN,

Prüfung der Lehre von der Urzeugung.

Abhandlung

von

L. PASTEUR.

(1862.)

Uebersetzt

von

Dr. A. Wieler.

Mit 2 Tafeln.

LEIPZIG

VERLAG VON WILHELM ENGELMANN

1892.

Die in der Atmosphäre vorhandenen organisirten Körperchen,

Prüfung der Lehre von der Urzeugung.

Abhandlung von

L. Pasteur*).

Annales de Chimie et de Physique. 3. Série. Bd. LXIV. 1862.

Kapitel I.

Historisches**).

Im Alterthum und bis zum Ende des Mittelalters glaubte jedermann an das Vorkommen von Urzeugung. [6] *Aristoteles*

---

*) Die wichtigsten Ergebnisse dieser Abhandlung wurden der Akademie der Wissenschaften in den Sitzungen vom 6. Februar, 7. Mai, 3. September und 12. November 1860 vorgelegt; diejenigen des Kapitels II. habe ich in der Chemischen Gesellschaft zu Paris in der Sitzung vom 9. December 1859 mitgetheilt.

**) Der Leser wird meine Voreingenommenheit dafür bemerken können, in diesem historischen Abschnitt jedem Experimentator den Antheil am Fortschritt, den wir ihm verdanken, zu Theil werden zu lassen. Aber ich habe die nämliche Sorgfalt walten lassen, nicht einen wirklichen Fortschritt weder mit den zahlreichen Abhandlungen, zu denen der Gegenstand Veranlassung gegeben hat, noch mit Experimenten von verdächtiger Genauigkeit, welche der Wissenschaft den Weg versperren anstatt ihn zu ebnen, zu verwechseln. In solchen Fragen, welche seit Jahrhunderten von so vielen Geistern durchgearbeitet worden sind, sind alle aprioristischen Anschauungen, alle Argumente, welche die Analogie und die indirecten Thatsachen liefern können, und alle Hypothesen zum Durchbruch gekommen. Wichtig ist es, bündige Beweise zu liefern und Experimente anzustellen, welche frei sind von aller Verwirrung, die aus den Experimenten selbst herfliesst.

1*

sagt, dass jeder trockene Körper, welcher feucht wird, und jeder
feuchte Körper, welcher trocken wird, Thiere erzeugt.

Van Helmont beschreibt ein Mittel, um Mäuse hervorzu-
bringen.

Viele Schriftsteller gaben noch im 17. Jahrhundert An-
weisungen über die Art und Weise, um Frösche aus dem Schlamm
der Sümpfe oder Aale aus dem Wasser unserer Flüsse zu erzeugen[*]).

Solche Irrthümer konnte der kritische Geist, der sich Europas
im 16. und 17. Jahrhundert bemächtigte, nicht lange ertragen.

Redi, ein berühmtes Mitglied der Akademie del Cimento,
stellte fest, dass die Würmer des in Fäulniss begriffenen Fleisches
Larven aus Fliegeneiern sind. Seine Beweise waren ebenso
einfach wie entscheidend, denn er zeigte, dass es genügte, das
in Fäulniss begriffene Fleisch mit einer feinen Gaze zu umgeben, um die Bildung dieser Larven vollständig zu verhindern.

Gleichfalls unterschied *Redi* zuerst an den Thieren, welche
in anderen Thieren leben, Männchen, Weibchen und Eier.

Man überraschte, sagte später *Réaumur*, diese Fliegen bei
ihrer Thätigkeit, als sie ihre Eier in die Früchte niederlegten,
und man wusste, als man einen Wurm in einem Apfel sah, dass
nicht die Fäulniss ihn erzeugt hatte, sondern dass der Wurm im
Gegentheil die Ursache der Fäulniss der Frucht war[**]).

Aber bald, in der zweiten Hälfte des 17. und in der ersten
Hälfte des 18. Jahrhunderts, häuften sich die mikroskopischen
Beobachtungen. Die Lehre von der Urzeugung tauchte aber-
mals auf. [7] Da sie sich den Ursprung dieser so mannigfaltigen Wesen, welche das Mikroskop in den Aufgüssen
pflanzlicher und thierischer Stoffe erkennen liess, nicht erklären
konnten, und da sie an ihnen nichts sahen, was einer geschlecht-
lichen Zeugung glich, wurden die einen dazu geführt, zuzugeben,
dass die belebte Materie nach ihrem Tode eine besondere
Lebensfähigkeit bewahrte, unter deren Einfluss die getrennten
Theile sich von neuem unter bestimmten günstigen Bedingungen
mit einer Mannigfaltigkeit im Bau und in der Organisation,
welche diese Bedingungen selbst bestimmen, vereinigen.

Andere hingegen glaubten, indem sie die wunderbaren Ergebnisse, welche das Mikroskop sie entdecken liess, durch die

---

[*]) Siehe *Leeuwenhoeck*, Epistola 75; 1692.
[**]) *Flourens*, Histoire des travaux et des idées de Buffon,
p. 78; 1844.

Einbildungskraft vergrösserten, bei den Infusorien Paarung, Männchen, Weibchen und Eier wahrzunehmen, und traten als erklärte Gegner der Urzeugung auf.

Man muss anerkennen, dass die zur Stütze der einen oder der anderen dieser Meinungen angeführten Beweise kaum die Prüfung aushielten.

So stand die Frage, als im Jahre 1745 in London ein Werk von *Needham*, eines geschickten Beobachters und eines katholischen Priesters von lebendigem Glauben, erschien, ein Umstand, welcher bei einem solchen Manne für die Aufrichtigkeit seiner Ueberzeugung Gewähr leistet.

In diesem Werke wurde die Lehre von der Urzeugung mit ganz neuartigen Thatsachen gestützt; ich spreche von Experimenten mit hermetisch verschlossenen Gefässen, die zuvor der Wirkung der Temperatur ausgesetzt wurden. So hat *Needham* in der That zuerst die Idee derartiger Versuche gehabt.

Noch waren nicht zwei Jahre seit der Veröffentlichung von *Needham*'s Untersuchungen verstrichen, als die Königliche Gesellschaft zu London ihn unter ihre Mitglieder aufnahm. Später wurde er eins der acht correspondirenden Mitglieder der Akademie der Wissenschaften.

Aber es war besonders dem Beistande, welchen es aus *Buffon*'s System über die Zeugung gewann, zu verdanken, dass *Needham*'s Werk einen so grossen Widerhall fand.

Die drei ersten bei seinen Lebzeiten publicirten Bände *Buffon*'s erschienen in der Quartausgabe im Jahre 1749. [8] In dem zweiten Bande dieser Ausgabe, vier Jahre nach dem Erscheinen von *Needham*'s Buch, setzt *Buffon* sein System der organischen Molecüle auseinander und vertheidigt die Hypothese von der Urzeugung. Es steht zu vermuthen, dass *Needham*'s Ergebnisse einen grossen Einfluss auf die Ansichten *Buffon*'s hatten, denn gerade zu der Zeit, wo der berühmte Gelehrte die ersten Bände seines Werkes herausgab, machte *Needham* eine Reise nach Paris, wo er der Tischgenosse *Buffon*'s und sozusagen sein Mitarbeiter wurde.

Needham's und *Buffon*'s Ideen hatten ihre Anhänger und ihre Verkleinerer. Sie befanden sich im Gegensatz zu einem anderen berühmten System, demjenigen *Bonnet*'s über die Präexistenz der Keime. Der Kampf war um so lebhafter, je rechtmässiger er auf beiden Seiten erscheinen konnte. Heute wissen wir, dass die Wahrheit sich weder auf der einen noch auf der anderen Seite befand. Ueberdies war es eine Zeit, wo man

gerne bis zur Erschöpfung über Systeme und speculative Anschauungen stritt.

In gewissem Sinne existirten zwei Menschen von entgegen-
gesetztem Geiste in *Buffon*; der eine gestand heute ohne Um-
schweife, dass er eine Hypothese suche, um ein System zu er-
richten, und der andere schrieb den folgenden Tag die schöne
Vorrede zu seiner Uebersetzung von *Hales* »Statique chimique
des végétaux«, in welcher die Nothwendigkeit des Experimentes
so hoch gestellt wird, wie es demselben zukommt. Diese beiden
Seiten des Genies *Buffon's* finden sich bis zu einem bestimmten
Grade in allen Gelehrten seiner Zeit wieder.

Aber es dauerte nicht lange, so wurden die *Needham'schen*
Schlussfolgerungen einer experimentellen Prüfung unterzogen.
Damals lebte in Italien einer der geschicktesten Physiologen,
durch den die Wissenschaft sich geehrt fühlen kann, der sehr
scharfsinnige und sehr schwer zu befriedigende *Abbé Spallanzani*.

Needham hatte, wie ich es soeben in das Gedächtniss zurück-
gerufen habe, seine Lehre von der Urzeugung mit directen sehr
gut ausgedachten Experimenten gestützt. Das Experiment allein
konnte seine Ansichten verurtheilen oder freisprechen. Das be-
griff *Spallanzani* sehr wohl. [9] »In mehreren Städten Italiens«,
sagte er, »sah man Parteien sich gegen die Meinung des Herrn
von Needham bilden; aber ich glaube nicht, dass jemals Jemand
daran gedacht hat, dieselbe auf dem Wege des Experimentes zu
prüfen.«

Spallanzani veröffentlichte im Jahre 1765 zu Modena eine
Dissertation, in welcher er die Systeme *Needham's* und *Buffon's*
widerlegte. Dies Werk wurde ins Französische übersetzt, wahrscheinlich auf den Wunsch von *Needham*, denn die davon im
Jahre 1769 veranstaltete Ausgabe ist von von ihm verfassten
Noten begleitet, in denen er auf alle Einwände *Spallanzani's*
antwortet.

Letzterer machte sich, ohne Zweifel von der Richtigkeit der
Needham'schen Kritik getroffen, von neuem an das Werk, und
liess bald jene schöne Sammlung von Arbeiten erscheinen, deren
Einzelheiten er uns in seinen Opuscules physiques *) mitgetheilt hat.

Es würde zwecklos sein, einen vollständigen geschichtlichen

---

*) *Spallanzani*, Opuscules de Physique animale et végétale, tra-
duits de l'italien, par Jean Sennebier; 1777.

Abriss dieses Streites der beiden gelehrten Naturforscher zu geben. Aber es ist wichtig, genau die experimentelle Schwierigkeit auseinander zu setzen, welcher sie ganz besonders ihre Kräfte widmeten, und zu untersuchen, ob dieser lange Streit alle Zweifel beseitigt hat, was man im Allgemeinen glaubt. Man betrachtet *Spallanzani* gerne als den siegreichen Gegner *Needham*'s. Wenn dies Urtheil begründet wäre, hätte man nicht Grund, zu erstaunen, dass es noch heute so zahlreiche Anhänger der Lehre von der Urzeugung giebt? Sollte in der Wissenschaft ein Irrthum nicht schneller verschwinden, selbst in Fragen dieser Art, wenn er wirklich durch das Experiment aufgedeckt worden ist? Muss man nicht fürchten, wenn man ihn guten Glaubens wieder aufleben sieht, dass seine Widerlegung nur eine scheinbare gewesen ist? Eine unparteiische Prüfung der widersprechenden Beobachtungen *Spallanzani*'s und *Needham*'s über den misslichsten Punkt des Gegenstandes wird uns in der That zeigen, dass *Needham* mit vollem Recht entgegen der allgemeinen Meinung [**10**] gegenüber den Arbeiten *Spallanzani*'s seine Lehre nicht fallen lassen konnte.

Ich habe gesagt, dass *Needham* zuerst Versuche über das angestellt hat, was man in verschlossenen Gefässen beobachtet, wenn sie vorher der Wirkung des Feuers ausgesetzt gewesen waren.

»Herr *von Needham*«, sagt *Spallanzani*, »versichert uns, dass die so eingerichteten Versuche unter seinen Händen immer sehr glücklichen Erfolg gehabt haben, d. h. dass die Aufgüsse Infusorien gezeigt haben, was seinem System das Gepräge gegeben hat.«

»Wenn man«, fügt *Spallanzani* hinzu, »mittelst Feuer die Stoffe, welche man in die Gefässe gethan hat, und die Luft, welche in diesen enthalten ist, gereinigt hat und noch die Vorsicht braucht, ihnen selbst jede Verbindung mit der umgebenden Luft zu entziehen, und wenn man trotzdem bei Oeffnung der Flaschen noch lebende Thiere in ihnen findet, so dürfte dies ein starker Beweis gegen das System der Zeugung aus Eiern sein; ich wüsste sogar nicht, was seine Anhänger darauf erwidern könnten.«

Ich hebe diese letzten Worte hervor, um zu zeigen, dass *Spallanzani* in den Ausfall der so angestellten Versuche das Kriterium für die Wahrheit oder den Irrthum legte. Nun werden wir aber aus dem folgenden Citat, das den Anmerkungen *Needham*'s entnommen ist, sehen, dass das gleichfalls seine

Meinung war. Folgendes ist eine Stelle aus den Bemerkungen
Needham's zu dem Kapitel X der ersten Abhandlung *Spallanzani*'s:

»Es bleibt mir nur noch übrig«, sagt *Needham*. »von dem
letzten Experiment *Spallanzani*'s zu reden, welches er als das
einzige seiner ganzen Abhandlung bezeichnet, das einiges Gewicht gegen meine Principien zu haben scheine.«

»Er verschloss neunzehn Gefässe, welche mit verschiedenen
pflanzlichen Substanzen erfüllt waren, hermetisch, und liess sie
so verschlossen eine Stunde lang kochen. Aber aus der Art,
wie er seine neunzehn pflanzlichen Aufgüsse behandelt und dieser
Tortur unterworfen hat, ist es ersichtlich, dass er nicht nur die
vegetative Kraft der Aufgusssubstanzen sehr geschwächt [11]
oder vielleicht gänzlich vernichtet hat, sondern dass er auch die
kleine Menge Luft, welche in dem leeren Raum seiner Flaschen
blieb, durch die Dünste und die Hitze gänzlich verdorben hat.
Folglich ist es nicht erstaunlich, dass seine so behandelten Aufgüsse kein Lebenszeichen von sich gaben. Es musste so kommen.«

»Deshalb ist Folgendes in wenig Worten mein letzter Vor-
schlag und das Ergebniss meiner ganzen Arbeit: Indem er seine
Experimente erneuert, möge er sich solcher Stoffe bedienen,
welche genügend gekocht sind, um alle vermeintlichen Keime zu
vernichten, von denen man glaubt, dass sie den Stoffen selbst
oder den inneren Wandungen des Gefässes anhängen oder in
der Luft desselben schweben; er möge seine Gefässe hermetisch
verschliessen, indem er eine gewisse Menge Luft in ihnen zurücklässt, ohne sie umzudrehen; darauf möge er sie für einige
Minuten in kochendes Wasser tauchen, nur so lange als nöthig
ist, um ein Hühnerei hart zu kochen und um die Keime zu
tödten: mit einem Worte, er möge Vorsichtsmaassregeln ergreifen, welche er will, vorausgesetzt, dass er nur die vermeintlichen
fremden Keime zu vernichten sucht, welche von aussen kommen,
und ich antworte, er wird jene mikroskopischen Lebewesen immer in hinreichender Zahl finden, um meine Principien zu er-
härten. Wenn er, indem er sich an diese Bedingungen hält, bei
Oeffnung seiner Gefässe, nachdem er ihnen die nöthige Zeit zur
Erzeugung dieser Körper gelassen hat, nichts Lebendes, noch
irgend ein Lebenszeichen findet, so gebe ich meine Lehre auf
und verzichte auf meine Ansichten. Das ist, glaube ich, alles,
was ein einsichtsvoller Gegner von mir fordern kann.«

Damit ist in der That die Discussion zwischen *Needham* und
Spallanzani klar umgrenzt. Im Kapitel III des ersten Bandes

seiner Opuscules erörtert *Spallanzani* die entscheidende Schwierigkeit. Und zu welchem Schlusse kommt er? Um die Bildung
von Infusorien zu unterdrücken, muss man die Aufgüsse drei
Viertelstunden auf der Temperatur des kochenden Wassers
halten *). [12]

Nun, waren nicht die Befürchtungen *Needham*'s in Bezug auf
eine mögliche Aenderung der Luft in den Gefässen gerechtfertigt, wenn eine Temperatur von 100° während drei Viertelstunden unerlässlich war? *Spallanzani* hätte wenigstens durchaus seinen Experimenten eine Analyse dieser Luft hinzufügen
müssen. Aber die Wissenschaft war noch nicht so weit vorge-
schritten; die Eudiometrie war noch nicht geschaffen worden.
Die Zusammensetzung der atmosphärischen Luft war kaum
bekannt **).

Also bewahrten die Ergebnisse der *Spallanzani*'schen Experimente über den empfindlichsten Punkt der Frage allen Ein-
wendungen *Needham*'s gegenüber ihren vollen Werth. Mehr
noch, sie erwiesen sich wenigstens scheinbar berechtigt durch
die ferneren Fortschritte der Wissenschaft.

Appert wandte die Ergebnisse der *Spallanzani*'schen Versuche, welche nach *Needham*'s Methode ausgeführt worden waren,
auf den Haushalt an. So besteht zum Beispiel eins der Experimente des gelehrten Italieners darin, kleine Erbsen mit Wasser
zusammen in ein Glasgefäss zu bringen, welches man nach herme-
tischem Verschluss drei Viertelstunden lang in kochendes Wasser

---

*) »Es gelang mir darauf«, sagt *Spallanzani*, »mir Gefässe zu ver-
schaffen, welche der Wirkung des Feuers besser widerstanden, und
ich wurde dazu geführt, es mit längerem Aufkochen zu probiren, indem ich nur eine kleine Menge der besprochenen Aufgüsse in die
Gefässe hineinthat; ohne diese Vorsicht wäre ich sicher gewesen,
alle meine Gefässe springen zu sehen. Um aber keine köstliche Zeit
mit zu viel unbedeutenden Einzelheiten zu verlieren, berichte ich nur
über das Ergebniss meiner Beobachtungen. Halbstündiges Aufkochen war für das Entstehen von Aufgussthierchen der niedrigsten
Ordnung kein Hinderniss, welche immer mehr oder weniger alle Gefässe, welche der Wirkung desselben während dieser ganzen Zeit ausgesetzt waren, bevölkerten; aber das Kochen drei Viertelstunden
lang oder ein wenig kürzere Zeit, hatte die Macht, die sechs Aufgüsse
der Infusorien vollständig zu berauben.« (*Spallanzani*, Opuscules,
t. I. p. 39.)

**) Die erste Abhandlung *Spallanzani*'s stammt aus dem Jahre
1763. Seine O p u s c u l e s erschienen zum ersten Male im Jahre 1776.
Die Entdeckung der Zusammensetzung der Luft durch *Lavoisier*
stammt aus dem Jahre 1774.

hält. Dies ist *Appert's* Verfahren. Nun aber hat *Gay-Lussac*, um sich von demselben Rechenschaft zu geben, dies Verfahren verschiedenen Prüfungen unterworfen, [13] deren Ergebnisse er in einer der häufigst angeführten Abhandlungen niedergelegt hat.

Der folgende Auszug aus der Arbeit *Gay-Lussac*'s lässt keinen Zweifel über eine der Ansichten des berühmten Physikers, welche in der ganzen Wissenschaft und zwar unbestritten gegolten hat.

»Man kann sich davon überzeugen«, sagt *Gay-Lussac*, »wenn man die Luft der Flaschen. in welchen die Stoffe (Rindfleisch, Hammelfleisch, Fisch, Champignons, Weinmost, wohl erhalten waren, analysirt, dass sie keinen Sauerstoff mehr enthält, und dass die Abwesenheit dieses Gases natürlich eine nothwendige Bedingung für die Erhaltung animalischer und pflanzlicher Substanzen ist«[*].

Die Befürchtungen *Needham*'s über eine Aenderung der Luft in den Versuchen *Spallanzani*'s fanden sich durch die That-

---

[*] Weiterhin fügt *Gay-Lussac* hinzu: »Wenn man Urin mit einer kleinen Menge Luft in Berührung lässt, entzieht er derselben den Sauerstoff ziemlich schnell, und seine Zersetzung hält darauf ein; wenn man ihm aber eine ausreichende Menge bietet, bildet er viel kohlensaures Ammoniak und setzt mit phosphorsaurem Kalk fast immer einen Niederschlag von phosphorsaurer Ammoniak-Magnesia ab.«

In derselben Abhandlung *Gay-Lussac*'s findet man das folgende Experiment, an das so häufig erinnert worden ist:

»Ich nahm Kuhmilch und setzte sie täglich der Kochtemperatur von mit Salz gesättigtem Wasser aus. Zwei Monate später war sie noch vollständig erhalten.«

Diese Arbeit *Gay-Lussac*'s hat in der Frage, welche uns beschäftigt, auf die Geister einen beträchtlichen Einfluss gehabt.

Gay-Lussac findet, dass die Luft der *Appert*'schen Conserven des Sauerstoffes beraubt ist, vielleicht in Folge langer Aufbewahrung der Substanzen, oder weil die Menge der organischen Substanzen im Verhältniss zum Luftvolumen sehr gross ist. Meine eigenen Experimente können dazu dienen, dies Ergebniss zu erklären. Sicher ist dasselbe aber nicht allgemein gültig, und in jedem Fall ist die von *Gay-Lussac* gegebene Deutung irrig. Die Abwesenheit des Sauerstoffs, sagt er, ist eine nothwendige Bedingung für die Aufbewahrung der thierischen und pflanzlichen Substanzen. Diese Meinung, welche einen besonderen Einfluss auf die Theorien über Gährung und Urzeugung gehabt hat, war keine nothwendige Schlussfolgerung aus seinen Beobachtungen über die Zusammensetzung der Luft in den *Appert*'schen Conserven, wie *Gay-Lussac* dachte.

sache der Abwesenheit des Sauerstoffs in den *Appert*'schen Conserven gerechtfertigt.

[14] Ein Versuch von Dr. *Schwann* brachte jedoch in die Frage einen sehr bemerkenswerthen Fortschritt. Im Februar 1837 veröffentlichte *Schwann* die folgenden Thatsachen: Ein Aufguss von Muskelfleisch wird in einen Glasballon gethan; darauf schliesst man denselben vor der Lampe, setzt ihn vollständig der Temperatur kochenden Wassers aus und überlässt ihn nach dem Erkalten sich selbst. Die Flüssigkeit fault nicht. Bis dahin haben wir nichts Neues. Das ist einer der Versuche *Spallanzani*'s oder besser eine *Appert*'sche Conserve. Aber es war wünschenswerth, fügt *Schwann* hinzu, den Versuch so zu modificiren, dass eine Erneuerung der Luft möglich wurde, jedesmal mit der Bedingung, dass die neue Luft vorher erwärmt wurde, wie es mit der ursprünglichen Luft im Ballon geschehen war. Darauf wiederholt *Schwann* das vorstehende Experiment, indem er im Hals des Ballons einen doppelt durchbohrten Stopfen anbringt, durch den kniefömig gebogene und gekrümmte Röhren gehen, sodass ihre Krümmungen in Bäder mit geschmolzenen Legirungen tauchen, die auf einer der Siedetemperatur des Quecksilbers naheliegenden Temperatur gehalten wurden. Mit Hülfe eines Aspirators erneuert man die Luft, welche kalt in den Ballon gelangt, nachdem sie in dem Theil der Röhren erwärmt worden, welcher von der geschmolzenen Legirung umgeben ist. Man beginnt den Versuch, indem man die Flüssigkeit kochen lässt. Das Ergebniss ist dasselbe wie in den Versuchen *Spallanzani*'s und *Appert*'s. Es findet keine Aenderung der organischen Flüssigkeit statt.

Die erwärmte und darauf wieder erkaltete Luft lässt also die aufgekochte Fleischbrühe unversehrt. Dies war ein grosser Fortschritt, weil es den Process zu Gunsten *Spallanzani*'s gegen *Needham* entschied. Dies gab die Antwort auf alle Befürchtungen des letzteren über die mögliche Aenderung der Luft in den Experimenten *Spallanzani*'s und widerlegte endlich die Behauptung *Gay-Lussac*'s über die Rolle, welche der Sauerstoff im Verfahren der *Appert*'schen Conserven und bei der alkoholischen Gährung spielt.

In Bezug auf den letzten Punkt muss man jedoch die Zweifel aufrechterhalten; [15] in der That findet sich in derselben Arbeit des Dr. *Schwann* ausser dem Experiment mit der Fleischbrühe, welches die Ursache der Fäulniss berührt, ein anderes Experiment bezüglich der alkoholischen Gährung, an das ich

hier erinnern muss. Unser Autor füllt vier Flaschen mit einer
Rohrzuckerlösung, die mit Bierhefe gemischt war; nachdem er
sie gut zugestopft hat, bringt er sie in kochendes Wasser und
stellt sie darauf umgekehrt in die Quecksilberwanne. Nachdem
sie kalt geworden sind, lässt er Luft hinzutreten, gewöhnliche
Luft in zwei, geglühte Luft in die beiden anderen Gefässe. Nach
Ablauf eines Monats war in denjenigen Flaschen, welche gewöhnliche Luft erhalten hatten, Gährung vorhanden; selbst nach
zweimonatlichem Harren gab sie sich in den beiden anderen
noch nicht zu erkennen. Als ich jedoch diese Versuche wiederholte, sagt er, fand ich, dass sie nicht immer gleich gut gelangen, dass die Gährung zuweilen in keiner der Flaschen zu
erkennen war, zum Beispiel, wenn ich sie zu lange in kochendes
Wasser gehalten hatte, und dass andererseits zuweilen die
Flüssigkeit in denjenigen Flaschen gährte, welche geglühte Luft
erhalten hatten.

Kurz, der Versuch Dr. *Schwann's* in Bezug auf die Fäulniss der Brühe ist sehr klar. Aber in Bezug auf die alkoholische
Gährung, die einzige Gährung, welche 1837 zur Zeit der Arbeit
des Dr. *Schwann* ziemlich gut bekannt war, widersprechen sich
die Versuche des gelehrten Physiologen; inzwischen erfuhr man
aus den Beobachtungen *Cagniard de Latour's* und denjenigen
Schwann's selbst, dass die weinige Gährung durch ein organisirtes Ferment bestimmt sei.

Um wie viel mehr noch wuchs das Dunkel dieser Frage in
Bezug auf die alkoholische Gährung, als die Chemiker später
eine grosse Zahl von Gährungen studirten, in denen man kein
organisirtes Ferment entdecken konnte und deren Ursache allgemeinen Contactwirkungen zugeschrieben wurde, Erscheinungen der Anziehung oder der übertragenen Bewegung, welche
durch todte stickstoffhaltige Stoffe in Folge von Veränderungen
hervorgerufen werden.

[16] Wie es damit auch sein mag, Folgendes war der
Schluss. welchen Dr. *Schwann* aus den eben mitgetheilten Versuchen zog: »Bei der alkoholischen Gährung«, sagt er, »wie bei
der Fäulniss, ist es nicht der Sauerstoff, wenigstens nicht der
Sauerstoff der atmosphärischen Luft allein, welcher sie ver-
ursacht, sondern ein in der gewöhnlichen Luft enthaltenes und
durch die Wärme zerstörbares Princip«.

Die Zurückhaltung in dieser Schlussfolgerung verdient beachtet zu werden. An bestimmten Stellen seiner Arbeit sieht
man wohl, dass Dr. *Schwann* dem Glauben zuneigt, dass er

durch die Wärme Keime vernichtete: aber seine letzte Schlussfolgerung ging nicht bis dahin und konnte nicht bis dahin gehen.
Oft haben die Gegner der Lehre von der Urzeugung, indem sie
seine Experimente anführten, behauptet, dass die Anwendung
der Wärme keinen anderen Zweck hätte, als Keime zu tödten;
aber dies war nur eine Hypothese. Deshalb beweisen diese Versuche nur, wie Dr. *Schwann* sehr richtig sagt, dass nicht der
Sauerstoff oder wenigstens nicht der Sauerstoff allein die Ursache der Fäulniss und der weinigen Gährung ist, sondern etwas
Unbekanntes, welches durch die Wärme vernichtet wird.
Ausserdem war es für die weinige Gährung schlecht erwiesen,
dass es unumgänglich nöthig sei, auf eine andere Ursache zu-
rückzugehen, als auf diejenige, welche *Gay-Lussac* namhaft
gemacht hatte, nämlich ausschliesslich auf den Sauerstoff der
Luft*).

Die Versuche des Dr. *Schwann* sind von mehreren Beobach-
tern wiederholt und abgeändert worden. *Ure* und *Helmholtz***)
haben seine Ergebnisse durch den seinen analoge Experimente
bestätigt. *Schultze* liess die Luft, anstatt sie zu glühen. vordem
er sie mit *Appert*'schen Conserven in Berührung brachte, durch
chemische Reagentien streichen: concentrirtes Kali und concentrirte Schwefelsäure. [17] *Schroeder* und *Dusch* dachten
sich aus, die Luft durch Baumwolle zu filtriren, anstatt sie
durch höhere Temperatur nach der Art des Dr. *Schwann* oder
durch energisch wirkende chemische Reagentien nach dem Verfahren von *Schultze* zu verändern***).

---

*) Vergl. die Bemerkung in meiner Abhandlung über die alko-
holische Gährung mit Bezug auf die Versuche *Gay-Lussac*'s und
Schwann's (Annales de Chimie et de Physique, 3. sér. t. LVIII,
p. 369).

**) Journal der praktischen Chemie Bd. XIX, p. 186 u. Bd. XXXI,
p. 429.

***) Folgendes ist der in den Annales des sciences natu-
relles über die *Schultze*'schen Versuche veröffentlichte Auszug:
»Der Autor füllt bis zur Hälfte eine Glasflasche mit destillirtem
Wasser, das verschiedene thierische und pflanzliche Stoffe enthält,
verstopft dann das Gefäss mit einem Stopfen, der von zwei knie-
förmig gebogenen Röhren durchbohrt ist, und setzt den so zusammen-
gestellten Apparat der Temperatur des kochenden Wassers aus.
Endlich befestigt er, während der Dampf noch durch die Röhren ent-
weicht, von denen wir soeben gesprochen haben, an jeder von ihnen
einen jener kleinen *Liebig*'schen Apparate, welche von den Chemikern
bei der Elementaranalyse organischer Substanzen benutzt werden,
füllt den einen derselben mit concentrirter Schwefelsäure und den

Die erste Abhandlung von *Schroeder* und *Dusch* erschien im Jahre 1854, die zweite im Jahre 1859. Es sind ausgezeichnete Arbeiten, welche überdies das historische Verdienst besitzen, den Stand der uns beschäftigenden Frage bis zum Jahre 1859 dargelegt zu haben.

Man wusste schon lange, und zwar seit der ersten Discussion über die Urzeugung, dass eine feine Gaze, welche schon von *Redi* mit so viel Erfolg in seinen Untersuchungen über den Ursprung der Larven des faulenden Fleisches angewendet worden war, [18] ausreicht, die Veränderung der Aufgüsse zu verhindern oder wenigstens ausserordentlich einzuschränken. Die Thatsache gehörte sogar zu der Zahl derjenigen, auf welche die Gegner der Lehre von der Urzeugung sich vorzugsweise beriefen *).

---

anderen mit einer concentrirten Lösung von Kali. Die hohe Temperatur musste nothwendig alles Lebendige und alle Keime, welche sich in dem Innern des Gefässes oder seiner Zuleitungen finden mochten, vernichten, und die Verbindung zwischen innen und aussen war durch die Schwefelsäure auf der einen und das Kali auf der anderen Seite unterbrochen; nichts destoweniger war es leicht, indem man an dem Ende des Apparates, an welchem sich die Kalilauge befand, sog, die so eingeschlossene Luft zu erneuern; die neuen Mengen dieses Fluidums, welche eindrangen, konnten keinen lebenden Keim mit sich bringen, da sie gezwungen waren, ein Bad von concentrirter Schwefelsäure zu passiren. *Schultze* stellte seinen so eingerichteten Apparat vor ein wohl erleuchtetes Fenster neben ein offenes Gefäss, in welches er einen Aufguss derselben organischen Stoffe gethan hatte, dann trug er Sorge, mehrmals täglich länger als zwei Monate die Luft seines Apparates zu erneuern und mit dem Mikroskop zu prüfen, was sich in dem Aufguss ereignete. Das offene Gefäss fand sich in kurzem mit Vibrionen und Monaden erfüllt, zu denen sich bald polygastrische Infusorien von grossem Umfang und selbst Räderthierchen hinzugesellten; aber selbst die aufmerksamste Beobachtung konnte nicht die geringste Spur von Infusorien, Conferven oder Schimmel in dem Aufguss des Apparates entdecken.« (Edinburgh New Philosophical Journal, October 1837; Annales des sciences naturelles T. VIII, 2. sér. Paris 1837.)

*) Auszug einer Stelle aus dem Werke *Baker's*, einem Mitgliede der Königlichen Gesellschaft zu London, welches Le Microscope à la porteé de tout le monde betitelt und aus dem Englischen nach der Ausgabe von 1743 übersetzt ist. Paris 1754.

»Beständig fand ich, dass, wenn der Aufguss (von Erbsen, von Heu) mit Mousselin oder einem anderen feinen Gewebe bedeckt ist, in demselben nur sehr wenig Thiere entstehen, dass er aber in wenig Tagen voll von Leben ist, wenn man dasselbe von der Oeffnung entfernt. . . . Da die Eier dieser kleinen Geschöpfe weniger wiegen als die Luft, so ist es möglich, dass beständig Millionen davon in der

Von diesen Thatsachen ohne Zweifel und besonders, was sie ausdrücklich erwähnen, durch die geistreichen Experimente *Loevel*'s, welcher erkannt hatte, dass die gewöhnliche Luft nach Filtration durch Baumwolle ungeeignet war, die Krystallisation des schwefelsauren Natriums hervorzurufen, geleitet, haben *Schroeder* und *Dusch* in der folgenden Weise experimentirt:

Ein Glasballon nimmt die organische Substanz auf. Der Stopfen des Ballons ist von zwei rechtwinklig gebogenen Röhren durchbohrt; die eine derselben steht mit einem Wasseraspirator in Verbindung, die andere mit einer weiten Röhre von 1 Zoll Durchmesser und 20 Zoll Länge, die mit Baumwolle angefüllt ist. Nachdem die Verbindungen hergestellt waren, der Hahn des Aspirators geschlossen und die organische Substanz in den Ballon gelegt war, erwärmte man denselben bis zum Kochen und hielt ihn ausreichend lange im Kochen, so dass alle Verbindungsröhren [19] durch den Wasserdampf stark erhitzt waren; alsdann öffnete man den Hahn des Aspirators, den man Tag und Nacht laufen liess.

Folgendes sind die Ergebnisse der ersten auf solche Weise durchgeführten Versuche:

Schroeder und *Dusch* haben

1. mit Fleisch unter Hinzufügung von Wasser,
2. mit Bierwürze,
3. mit Milch,
4. mit Fleisch ohne Hinzufügung von Wasser

experimentirt.

In den beiden ersten Fällen hat die durch die Baumwolle hindurchfiltrirte Luft die Flüssigkeiten selbst nach mehreren Wochen unversehrt gelassen. Aber die Milch ist ebenso schnell geronnen und verfault wie in gewöhnlicher Luft, und das Fleisch ohne Wasser ist schnell in Fäulniss übergegangen.

»Es scheint sich also aus diesen Experimenten zu ergeben«, sagen *Schroeder* und *Dusch*, »dass es spontane Zersetzungen

Luft sind, und dass eine grosse Zahl von ihnen, indem sie ohne Unterschied nach allen Seiten getrieben werden, an Orten, welche ihrer Natur nicht angemessen sind, umkommen. . . . . Es giebt Leute, welche sich einbilden, dass die Eier dieser kleinen Thiere in der Erbse, im Heu oder in all den anderen Stoffen liegen, welche man in das Wasser bringt; wenn es aber so wäre, so könnte ich nicht begreifen, wie eine so kleine Oeffnung eines feinen Gewebes, welche den Zutritt der Luft nicht hindert, diese Eier daran hindern könnte, auszukriechen: man muss daraus schliessen, dass dies eine falsche Vorstellung ist.«

organischer Substanzen giebt. welche zum Beginn nur der Gegenwart des Sauerstoffs bedürfen, z. B. die Fäulniss des Fleisches ohne Wasser, die des Caseins der Milch und die Verwandlung des Milchzuckers in Milchsäure Milchsäuregährung). Daneben aber würde es andere Fäulniss- und Gährungserscheinungen geben, welche mit Unrecht in die nämliche Kategorie wie die vorstehenden gestellt würden. nämlich solche, wie die Fäulniss der Fleischbrühe und die alkoholische Gährung, welche zu ihrem Beginn ausser dem Sauerstoff jener unbekannten Dinge bedürfen, welche der atmosphärischen Luft beigemengt sind, und welche nach den Experimenten *Schwann*'s durch die Wärme und nach den unsrigen durch Filtration durch Baumwolle vernichtet werden . . . . . Da hier noch so viele Fragen übrig bleiben, welche auf dem Wege des Experiments zu entscheiden sind, so nehmen wir davon Abstand, aus unseren Experimenten irgend eine theoretische Schlussfolgerung zu ziehen«.

Schroeder kam im Jahre 1859 allein auf diesen Gegenstand in einer Abhandlung zurück, welche unter anderem von der Ursache der Krystallisation handelt. [20] Diese neue Arbeit führte ihren Verfasser ebensowenig zu Schlussfolgerungen, welche frei von aller Ungewissheit waren; er macht Mittheilung von neuen organischen Flüssigkeiten, welche in Berührung mit filtrirter Luft nicht faulen, wie Urin, Stärkekleister und die verschiedenen Stoffe der Milch für sich; aber er fügt den Eidotter dem Verzeichniss derjenigen Körper hinzu, welche wie die Milch und das Fleisch ohne Wasser in durch Baumwolle filtrirter Luft faulen.

»Ich wage nicht«, sagt *Schroeder*. »die theoretische Erklärung dieser Thatsachen zu versuchen. Man könnte zugeben, dass die frische Luft eine wirksame Substanz enthält, welche die Erscheinungen der alkoholischen Gährung und der Fäulniss hervorruft, eine Substanz, welche die Wärme vernichten oder die Baumwolle aufhalten würde«. Dann fügt er hinzu: » Muss man diese wirksame Substanz als aus mikroskopischen organisirten Keimen, welche in der Luft ausgestreut sind, bestehend betrachten, oder ist es wohl eine noch unbekannte chemische Substanz? Ich weiss es nicht. «

Dann kommt er zu den Erscheinungen der Krystallisation durch frische, erhitzte oder durch Baumwolle filtrirte Luft, welche nach ihm mit den Erscheinungen der Fäulniss solche Analogien bieten, dass er sich nicht enthalten kann, sie einer

gemeinsamen bisher vollständig unbekannten Ursache zuzuschreiben.

»Was die Krystallisation anbelangt«, sagt er weiter, »so
scheint die dieselbe bewirkende Eigenschaft der Luft durch die
Baumwolle nicht vollständig aufgehoben, sondern nur abge-
schwächt zu werden. Dann kann die Krystallisation nur in gewissen übersättigten Lösungen verhindert werden; während
andere der Wirkung der Luft nicht widerstehen können«. Darauf
bemerkt er. dass die Ergebnisse, welche er in Bezug auf die
Fäulniss und die Gährung erhalten habe, denjenigen über die
Krystallisation parallel sind, da es Körper giebt, welche der
filtrirten Luft widerstehen, während andere, wie die Milch, in Zersetzung übergehen. Die durch Baumwolle filtrirte Luft verliert
also nur theilweise ihre Fäulniss und Gährung bewirkende Kraft.

[21] Ich habe absichtlich mit Einzelheiten diese sehr scharf-
sinnigen Arbeiten kurz wiederholt, weil sie der genaue Ausdruck für die Schwierigkeiten sind, welche bis zum Jahre 1859
jeder unparteiische Geist, der frei von vorgefassten Meinungen
und begierig war, sich eine gehörig begründete Meinung über
die gewichtige Frage von der Urzeugung zu bilden, überwinden
musste. Man kann behaupten, dass bis zu diesem Zeitpunkt alle
diejenigen, welche die Frage für entschieden hielten, ihre Ge-
schichte schlecht kannten.

Spallanzani hatte nicht über die Einwände *Needham's*
triumphirt, *Schwann, Schultze* und *Schroeder* konnten nur das
Vorhandensein eines unbekannten Principes in der atmosphärischen Luft nachweisen, das die Bedingung für das Leben in den
Aufgüssen war. Diejenigen, welche behaupteten, dass dies
Princip nichts anderes als Keime wären, hatten zur Stütze ihrer
Meinung nicht mehr Beweise, als diejenigen, welche dachten,
dass es ein Gas, eine Flüssigkeit, Miasmen u. s. w. sein könnten,
und welche folglich dazu neigten, an Urzeugung zu glauben.
Die Schlussfolgerungen *Schwann's* und *Schroeder's* können in
dieser Hinsicht nicht den geringsten Zweifel im Geiste des Lesers
lassen. Die Ausdrücke dieser Schlussfolgerungen sogar riefen
den Zweifel hervor und dienten der Lehre von der Urzeugung.
Und dann gelangen die Versuche von *Schwann, Schultze* und
Schroeder nur für bestimmte Flüssigkeiten. Ueberdies scheiterten
sie fast immer und zwar für alle Flüssigkeiten, wenn man sie, wie
ich es bald erwähnen werde, in der Quecksilberwanne anstellte,
ohne dass irgend jemand die Ursache dieses Misserfolges kannte
oder irgend eine Fehlerquelle ausfindig machen konnte.

Als * nach den soeben besprochenen Arbeiten ein tüchtiger Naturforscher zu Rouen [22], *Pouchet*, correspondirendes Mitglied der Akademie der Wissenschaften, derselben Ergebnisse mittheilte, auf welche er in entscheidender Weise die Principien der heterogenen Zeugung glaubte aufbauen zu können, konnte niemand die wirkliche Fehlerquelle seiner Versuche angeben, und bald schlug daher die Akademie, indem sie einsah, was noch alles zu thun übrig blieb, als Preisaufgabe die folgende Frage vor:

Zu versuchen, durch wohlgelungene Experimente neues Licht auf die Frage von der Urzeugung zu werfen **).

Die Frage erschien damals so dunkel, dass *Biot*, dessen Wohlwollen meinen Studien niemals nachtheilig gewesen ist, mich mit Schmerz bei diesen Untersuchungen beschäftigt sah und von meiner Nachgiebigkeit gegen seine Rathschläge die Annahme einer Zeitgrenze verlangte, über welche hinaus ich diesen Gegenstand verlassen sollte, wenn ich nicht der Schwierigkeiten, welche mich aufhielten, Herr geworden wäre. *Dumas*, dessen Wohlwollen gegen mich sich oft mit demjenigen *Biot*'s verschworen hat, sagte mir zu dieser Zeit: »Ich würde niemandem rathen, zu lange bei diesem Gegenstande zu verweilen«.

Welches Bedürfniss hatte ich, mich der Sache zu widmen?

Seit zwanzig Jahren haben die Chemiker eine Gruppe von wirklich aussergewöhnlichen Erscheinungen entdeckt, welche mit dem generellen Namen der Gährungen bezeichnet werden. Alle erfordern sie das Zusammenwirken von zwei Stoffen: der eine ist der sogenannte gährungsfähige wie Zucker, der andere ist stickstoffhaltig und ist immer eine eiweissartige Substanz.

---

* *Pouchet*, Comptes rendus de l'Académie des Sciences, t. XLVII, p. 979. December 1858. — *Milne Edwards*, Payen de Quatrefages, Claude Bernard, Dumas t. XLVIII, p. 23 ff. Januar 1859. — *Pouchet*, t. XLVIII, 1859, p. 148, 220, 546. t. L, 1860, p. 532, 572, 748, 1121, 1014.

** Die Commission war zusammengesetzt aus den Herren *Geoffroy-Saint-Hilaire*, *Brongniart*, *Milne Edwards*, *Serres* und *Flourens* als Berichterstatter.

»Die Commission verlangt genaue und unwiderlegliche Versuche, welche gleichfalls in allen ihren Beziehungen zu studiren sind, und welche mit einem Wort derartig beschaffen sind, dass aus ihnen irgend ein Resultat abgeleitet werden kann, das frei von aller aus den Versuchen selbst entspringenden Verwirrung ist« (Januar 1860).

Das war das Programm der Commission. Man konnte die Schwierigkeiten des Gegenstandes nicht besser andeuten.

[23] Nun ist Folgendes die allgemein angenommene Theorie. Die eiweissartigen Stoffe erleiden, wenn sie der Berührung mit der Luft ausgesetzt sind, eine Veränderung, eine besondere Oxydation von unbekannter Natur, die ihnen den Charakter eines Fermentes verleiht, d. h. die Eigenschaft, durch ihren Contact auf die gährungsfähigen Substanzen zu wirken.

Es gab wohl ein Ferment, und zwar das älteste und beachtenswertheste von allen, von dem man wusste, dass es organisirt ist: die Bierhefe. Aber da man, wie bei allen Gährungen, deren Entdeckung neuer als die Kenntniss der Thatsache von der Organisation der Bierhefe (1836), das Vorhandensein organisirter Wesen nicht hat erkennen können, selbst wenn man sie mit Sorgfalt suchte, haben die Physiologen nach und nach, mehrere mit grossem Bedauern, die Hypothese *Cagniard de Latour's* von einer wahrscheinlichen Beziehung zwischen der Organisation dieses Fermentes und seiner Eigenschaft, Ferment zu sein, verlassen und auf die Bierhefe die allgemeine Theorie angewandt, indem man sagte: »Die Bierhefe ist nicht wirksam, weil sie organisirt ist, sondern weil sie in Berührung mit der Luft gewesen ist. Es ist der todte Theil der Hefe, derjenige, welcher gelebt hat und auf dem Wege der Aenderung sich befindet, welcher auf den Zucker einwirkt.«

Meine Studien führten mich zu vollständig abweichenden Schlüssen. Ich fand, dass alle eigentlichen Gährungen, die viscöse, die Milchsäure-, Buttersäure-, Weinsäure- und Aepfelsäuregährung und die Gährung der Harnstoffe . . . in Wechselbeziehung zu der Gegenwart und der Vermehrung organisirter Wesen stehen. Und weit entfernt, dass die Organisation der Bierhefe unbequem für die Theorie der Gährung war, fiel sie gerade dadurch im Gegentheil unter das allgemeine Gesetz und wurde sie der Typus für alle eigentlichen Fermente. Nach meinen Untersuchungen waren die Eiweissstoffe niemals Fermente, sondern die Nahrung der Fermente. Die wahren Fermente waren organisirte Wesen.

[24] Wird das zugegeben, so nehmen die Fermente, wie man wusste, ihren Ursprung aus einer Contactwirkung der Eiweisskörper und des Sauerstoffs. Nunmehr sagte ich mir, ist von zwei Dingen nur das eine möglich: da die Fermente der eigentlichen Gährungen organisirt sind, so sind die Fermente durch Urzeugung entstanden, wenn der Sauerstoff allein, in so weit er Sauerstoff ist, sie durch seine Berührung mit stickstoffhaltigen Substanzen hervorruft; wenn diese Fermente nicht durch

Urzeugung entstandene Wesen sind, so greift der Sauerstoff in
ihre Bildung nicht ein, insofern er nur Sauerstoff ist, sondern
als Reizmittel für einen Keim, der zu gleicher Zeit mit ihm herbeigeführt worden ist oder in den stickstoffhaltigen oder gährfähigen Stoffen vorhanden war. An dem Punkte, wo ich mich
mit meinen Studien über die Gährungen befand, musste ich mir
also eine Meinung über die Frage nach der Urzeugung bilden.
Vielleicht werde ich in derselben eine mächtige Waffe zu Gunsten meiner Ideen über die eigentlichen Gährungen finden.

Die Untersuchungen, über die ich jetzt berichten will, sind
folglich nur ein nothwendiger Abstecher von meinen Studien
über die Gährungen.

So wurde ich also dazu geführt, mich mit einem Gegenstande
zu beschäftigen, mit dem sich bisher nur der Scharfsinn der
Naturforscher beschäftigt hatte.

Kapitel II.

Mikroskopische Prüfung der in der atmosphärischen Luft zerstreuten festen Theilchen.

Meine erste Sorge war, eine Methode ausfindig zu machen,
welche gestattet, zu jeder Jahreszeit die festen Theilchen, welche
in der Luft schweben, zu sammeln und unter dem Mikroskop zu
studiren. Man musste sich zuerst daran halten, wenn möglich
die Einwände zu beseitigen, welche die Anhänger der Urzeugung der alten Hypothese von der Aussaat der Keime durch die
Luft entgegensetzen*).

25] Wenn die organischen Stoffe der Aufgüsse erhitzt
worden sind, so bevölkern sie sich mit Infusorien und mit
Schimmel. Diese organisirten Bildungen sind im Allgemeinen
weder so zahlreich, noch so mannigfaltig, als wenn man die
Flüssigkeiten vorher nicht zum Kochen gebracht hatte, aber sie
entstehen immer. Unter diesen Umständen nun können ihre
Keime nur aus der Luft kommen, weil das Kochen diejenigen
zerstört, welche die Gefässe oder die Stoffe des Aufgusses in die
Flüssigkeit gebracht haben. Die ersten zu beantwortenden experimentellen Fragen sind also folgende: Giebt es Keime in der

----

*) Diese Hypothese ist in der That sehr alt. Sie bildet den ge-
wöhnlichen Gegenstand der auf die Urzeugung bezugnehmenden
Discussionen seit dem 17. Jahrhundert.

Luft? Ist eine genügend grosse Zahl derselben vorhanden, um die Erscheinung von den organisirten Bildungen in den Aufgüssen, welche vorher erhitzt worden waren, zu erklären? Kann man sich eine annähernde Vorstellung machen von einer zu erweisenden Beziehung zwischen einem bestimmten Volumen gewöhnlicher Luft und der Zahl Keime, welche dies Luftvolumen einschliessen kann?

Beginnen wir damit, giebt es Keime in der Luft? Niemand leugnet es, weil man begreift, dass es nicht anders sein kann. Einer der erklärtesten Anhänger der Urzeugung, *Pouchet*, äussert sich darüber folgendermaassen[*]:

»Man begegnet im Staube zuweilen einigen Eiern von Mikrozoen, wie man dort eine Menge leichter Körperchen antrifft, aber das ist wirklich eine Ausnahme.«

Weiterhin drückt sich *Pouchet* folgendermaassen aus:

»Unter den zum Pflanzenreiche gehörigen Theilchen des Staubes kommen Kryptogamensporen, freilich in sehr geringer Zahl vor. Endlich habe ich regelmässig eine bestimmte Menge Mehl, frisch oder alt, dem Staub beigemischt angetroffen. . . . . [26] Es ist klar, dass es dies Mehl, welches vollkommen physikalisch und chemisch charakterisirt ist, oder Körnchen von Kieselerde sind, was man für die Eier von Mikrozoen gehalten hat.«[**]

Es giebt demnach im Staub der Luft Infusorieneier und Schimmelsporen; die Anhänger der Lehre von der heterogenen Zeugung bestätigen das; aber sie fügen hinzu, dass sie nur ausnahmsweise und zwar in ausserordentlich beschränkter Zahl vorkommen; diejenigen, sagen sie, welche glaubten, mehr davon zu sehen, haben sich getäuscht. Sie kannten eine neue Thatsache nicht, nämlich dass im Staube Stärkekörner von verschiedenem Bau vorkommen[***]. Diese Beobachter haben die Stärkekörner, die ihnen so oft gleichen, für Eier oder Sporen gehalten.

Das ist *Pouchet*'s Meinung. Ich habe nicht genügend Beobachtungen mit gewöhnlichem auf der Oberfläche der Gegen-

---

[*] *Pouchet*, Traité de la génération spontanée. Paris 1859, p. 432.

[**] *De Quatrefages*, Comptes rendus de l'Académie des Sciences. 1859, t. XLVIII, p. 31. — Siehe auch Dictionnaire de Nysten, von *Littré* u. *Ch. Robin*, Artikel Staub, 11. Ausgabe, 1858.

[***] Diese Thatsache, welche, wie ich glaube, zuerst von *Pouchet* erkannt wurde, ist richtig.

stände liegendem Staube angestellt, um diese Auffassungs-
weise in Bezug auf den in Ruhe befindlichen Staub entkräften
zu können. Ich kann sogar hinzufügen, dass zu jener Zeit, wo
ich meine ersten Versuche anstellte, verschiedene Autoritäten
begierig waren, selbst die Richtigkeit meiner Ergebnisse festzustellen, weil sie, wie sie mir sagten, obgleich sie häufig genug
Gelegenheit gehabt hatten, Staub zu studiren, niemals Sporen
gesehen hätten. Hier mag jedoch eine Bemerkung Platz finden:
der Staub, welchen man auf der Oberfläche aller Körper findet,
ist beständig Luftströmungen ausgesetzt, welche seine leichtesten
Theile fortführen; unter ihnen befinden sich ohne Zweifel vorzugsweise organisirte Körperchen, Eier oder Sporen, die im Allgemeinen weniger schwer als die mineralischen Theilchen sind.
[27] Ausserdem ist es nicht möglich, so weit der gewöhnliche
in Ruhe befindliche Staub in Betracht kommt, eine Andeutung
über das annähernde Verhältniss zu erhalten, welches zwischen
einem gegebenen Volumen dieses Staubes und dem Luftvolumen,
welches jenes geliefert hatte, vorhanden sein kann. Man muss
also nicht den in Ruhe befindlichen Staub, sondern den in der
Luft schwebenden beobachten.

Sehen wir zu, ob das ausführbar ist, und ob es wahr ist,
dass dieser schwebende Staub nur ausnahmsweise Keime niederer
Organismen einschliesst, wie das nach *Pouchet* für den in Ruhe
befindlichen Staub zutrifft.

Das Verfahren, welches ich eingeschlagen habe, um den in
der Luft suspendirten Staub zu sammeln und unter dem Mikroskop zu prüfen, ist sehr einfach: es besteht darin, ein be-
stimmtes Luftvolumen durch eine in einem Gemisch aus Alkohol
und Aether lösliche Schiessbaumwolle zu filtriren. Die Baum-
wollfasern halten die festen Theilchen zurück. Dann behandelt
man die Baumwolle mit ihrem Lösungsmittel. Nach einer genügend langen Zeit fallen alle festen Theilchen auf den Boden
der Flüssigkeit: man unterwirft sie einigen Waschungen und
bringt sie dann auf den Objecttisch des Mikroskopes, wo man sie
leicht studiren kann.

Ich will auf die Einzelheiten des Experiments eingehen. *FF*
Fig. 1 (Tafel I ist ein Fensterrahmen, in welchem ich in einer Entfernung von mehreren Metern vom Boden eine Oeffnung an-
gebracht habe, welche der Glasröhre *T* den Durchgang gestattet. Diese Röhre hatte in meinen Versuchen nur einen
Durchmesser von einem halben Centimeter. In *a* befindet sich
ein Pfropf löslicher Baumwolle von ungefähr einem Centimeter

Länge, welcher von einer kleinen Spirale aus Platindraht fest-
gehalten wurde. Die Luft, welche gewöhnlich von der Seite der
rue d'Ulm oder von derjenigen des Gartens der École Normale
eingesogen wurde, wurde von dem Aspirator *R* herbeigezogen.
Das ist eine Messingröhre in Form eines T, in welche beständig
Wasser fliesst, das durch Saugung die Luft aus der Röhre *mn*
zieht; diese ist an ihrem Ende bei *u* etwas umgebogen, wie es
die Figur zeigt. Die Röhre *mn* steht überdies durch einen
Kautschukschlauch mit der den löslichen Baumwollpfropfen enthaltenden Röhre *T* in Verbindung. [28] Will man das Luftvolumen, welches durch das ablaufende Wasser durchgesogen
wurde, bestimmen, so genügt es, das Ende *l* der Röhre *hl* in
eine grosse umgestürzte, mit Wasser gefüllte, vorher geaichte
Flasche zu stecken und die Zeit zu messen, in welcher sich eine
Flasche z. B. von einem Volumen von 10 Litern füllt.

Diese Art der ununterbrochenen Aspiration ist sehr bequem
und hat mir grosse Dienste geleistet.

Ist die Luft hinreichend lange hindurchgestrichen, so wird
der Baumwollpfropfen, der mehr oder weniger durch den zurück-
gehaltenen Staub schmutzig geworden ist, in ein kleines Glas-
röhrchen mit dem Aether-Alkohol-Gemisch, das die Baumwolle
auflöst, gelegt. Man lässt während eines Tages absetzen. Aller
Staub sammelt sich auf dem Boden der Glasröhre an, wo er
leicht durch Decantiren ohne Verlust gewaschen werden kann,
wenn man dafür Sorge trägt, jede Waschung durch eine Ruhe-
zeit von 12 bis 20 Stunden zu trennen. Um die Flüssigkeit zu
decantiren, ist es gut, sich eines Hebers zu bedienen, der aus
einer Glasröhre von sehr geringem Durchmesser hergestellt ist,
und den man ansaugen kann.

Wenn der Staub genügend gewaschen ist, sammelt man ihn
auf einem Uhrglas, wo der Rest der ihn benetzenden Flüssigkeit schnell verdampft *); dann rührt man ihn mit etwas Wasser
an und prüft ihn unter dem Mikroskop.

Man kann auf denselben nach den gewöhnlichen Methoden
verschiedene Reagentien einwirken lassen: Jodwasser, Kalilauge,
Schwefelsäure und Farbstoffe.

Diese sehr einfachen Manipulationen gestatten zu erkennen,
dass in gewöhnlicher Luft beständig eine wechselnde Zahl

---

*) Ungefähr fünf bis sechsfaches Decantiren genügt zur Waschung.
Man muss sich einer Schiessbaumwolle bedienen, deren Löslichkeit
so vollkommen wie irgend möglich ist.

Körperchen vorhanden ist, deren Gestalt und Bau anzeigt, dass sie organisirt sind. Ihre Grösse beläuft sich von den kleinsten Durchmessern an bis auf $\frac{1}{100}$ oder $\frac{1,5}{100}$ oder mehr Millimeter. Die einen sind vollkommen kugelrund, die anderen oval. Ihre Umrisse treten mehr oder weniger klar hervor. Viele sind vollständig durchscheinend, [29] aber es kommen auch undurchsichtige mit Körnern im Innern vor. Die durchscheinenden mit deutlichen Umrissen gleichen dermaassen den gemeinsten Schimmelsporen, dass der geschickteste Mikrograph keinen Unterschied sehen würde. Das ist alles, was man darüber sagen kann, ebenso wie man nur behaupten kann, dass unter den übrigen solche vorkommen, welche kugelförmigen und incystirten Infusorien und im Allgemeinen jenen Kügelchen gleichen, welche man als die Eier dieser kleinen Wesen betrachtet. Aber das ist, wie ich glaube, nicht möglich zu behaupten, dass dies eine Spore ist, geschweige denn die Spore dieser bestimmten Art, und dass das ein Ei ist und zwar das Ei dieser Mikrozoe. Was mich anbelangt, so beschränke ich mich darauf, zu erklären, dass diese Körperchen augenscheinlich organisirt sind, indem sie in jedem Punkt den Keimen der niedrigsten Organismen gleichen, und so verschieden an Grösse und Bau sind, dass sie unstreitig zu sehr zahlreichen Arten gehören.

Die Anwendung von Jodwasser zeigt auf die unzweideutigste Weise, dass zwischen diesen Körperchen immer Stärkekörner vorkommen. Aber es ist sehr leicht, alle derartigen Körperchen zu entfernen, indem man den Staub mit gewöhnlicher Schwefelsäure anrührt, welche in wenigen Augenblicken alles, was Stärkemehl ist, löst. Ohne Zweifel verändert die Schwefelsäure andere Körperchen und löst sie vielleicht; aber es bleibt noch eine grosse Zahl übrig, und zuweilen unterscheidet man nach der Einwirkung der Schwefelsäure noch mehr, weil diese Säure den kohlensauren Kalk löst und die anderen Staubtheilchen derartig verdünnt, dass die organisirten Körperchen sich von den amorphen Brocken, welche häufig verhindern, sie deutlich zu sehen, losgelöst finden. Es ist gut, alsbald zu beobachten, nachdem die kleinen Bläschen von Kohlensäure verschwunden sind, und vordem sich die Nadeln von schwefelsaurem Kalk abgesetzt haben * .

---

*) Durch directe Versuche habe ich festgestellt, dass gewöhnliche concentrirte Schwefelsäure die Sporen der gemeinen Schimmelarten selbst bei längerer Berührung nicht löst.

Wenn man mit Staub aus einem Pfropfen von einem Centimeter Länge und $\frac{1}{2}$ Centimeter Durchmesser arbeitet. [30] der vier und zwanzig Stunden lang dem Luftstrom ausgesetzt war mit einer Ausflussgeschwindigkeit von einem Liter in der Minute, entdeckt man in einer Viertelstunde zwanzig bis dreissig organisirte Körperchen und kann sie leicht abzeichnen. Gewöhnlich sind mehrere im Gesichtsfeld vorhanden. Beachten wir, dass der mit Staub gemischte Säuretropfen, welchen man auf den Objecttisch des Mikroskopes bringt, nur einen Bruchtheil des in dem Uhrglase befindlichen darstellt.

Andererseits muss man augenscheinlich mehrere Stunden suchen und je nachdem alle organisirten Körper dieses Tropfens zeichnen. Man sieht also, dass die Zahl der organisirten Körper, welche man mit dieser Methode auf den Baumwollfäden fixirt, sehr ansehnlich ist im Verhältniss zum Luftvolumen*): ohne Zweifel ist sie nicht ausreichend, um die allgemein angenommene Behauptung zu rechtfertigen, dass die kleinste Blase gewöhnlicher Luft fähig ist, in einem Aufguss alle Arten Infusorien und alle diesem Aufguss eigenthümlichen Kryptogamen zu erzeugen. Wir werden aber in einem folgenden Kapitel sehen, dass diese Ansicht sehr übertrieben ist, und dass man mit einem Aufguss, der gekocht worden war, stets ein beträchtliches Volumen gewöhnlicher Luft in Berührung bringen kann, ohne dass sich in ihm die geringste organische Production entwickelt.

Ich theile einige Einzelheiten mit, damit man eine deutlichere Vorstellung [31] von der Zahl der organisirten Körperchen habe, welche man in dem in der besprochenen Weise gesammelten Staube entdeckt.

Die Figuren 2, 3 und 4 (Tafel II) stellen einige organisirte Körperchen einer Staubprobe dar, welche in vier und zwanzig Stunden vom 16. bis 17. November 1859 gesammelt worden war. Folgendermaassen sind diese schnellen Zeichnungen angefertigt

---

*) Ich brauche nicht zu erwähnen, dass ich mich vergewissert habe, dass die angewandte Baumwolle durchaus keine organisirte Körperchen enthielt, und dass ihre Lösung in dem alkoholischen Gemisch keinen anderen Rückstand hinterliess als einige nicht gelöste Fasern.

Ausserdem muss ich hier bemerken, dass ein Baumwollpfropfen von geringerer Dicke als ein Centimeter weit davon entfernt ist alle Körperchen der Luft aufzuhalten. Wenn man mehrere Pfropfen hinter einander legt, so bedeckt sich der zweite, der dritte ..... mit Staub; nur bedarf man, um sie ebenso wie den ersten zu laden, um so mehr Zeit, je weiter entfernt sie sind.

worden, welche nur die Grösse und den Umriss der Körperchen
wiedergeben.

Nachdem die Waschung des Staubes in der soeben angegebenen Weise ausgeführt worden war, brachte ich auf das Uhr-
gläschen einen Theil des Staubes und rührte ihn mit einem
Tropfen Kalilauge, die 5 Theile Kali auf 100 Theile Wasser
enthielt. an. Je nachdem ich die Glasplatte unter dem Objectiv
verschob und ein augenscheinlich organisirtes Kügelchen be-
merkte, zeichnete ich es. Auf solche Weise erhielt ich Fig. 2.
Ebenso verhielt es sich mit den folgenden Figuren.

Alsdann ersetzte ich das Kali durch eine wässerige Lösung
von Jod. Hierzu genügt es, mit dem Rande der Glasplatte ein
kleines Quadrat Löschpapier in Berührung zu bringen, das man
mit einem zweiten, mit einem dritten gleichen Papier und so
weiter bedeckt, bis die ganze Kalilauge absorbirt ist. Alsdann
ersetzt man sie durch einen Tropfen Jodwasser, welchen man
auf dieselbe Weise entfernt, um ihn durch einen neuen Tropfen
dieser Lösung zu ersetzen. Man fährt so lange damit fort, bis
das auf der Glasplatte gebliebene Kali vollständig neutralisirt ist.

Fig. 3 stellt einen Theil der in Berührung mit der wässerigen
Jodlösung befindlichen Kügelchen vor. Schliesslich giebt Fig. 4
den Umriss der geprüften Kügelchen wieder, nachdem das Jodwasser durch gewöhnliche Schwefelsäure ersetzt worden war.

Die Entfernung der beiden parallelen Linien in Fig. 5 (Tafel II)
stellt $\frac{1}{100}$ Millimeter dar bei der in den Versuchen benutzten
Vergrösserung.

Ich bemerke noch. dass ich anderthalb Stunden daran
wandte, um die Zeichnungen der Kügelchen anzufertigen und
die Reagentien durch einander zu substituiren. [32] Das wird
dem Leser eine erste Andeutung über die Zahl der organisirten
Körper geben, welche man in 24 Stunden aufsaugen kann,
wenn man durch einen kleinen Baumwollpfropfen ungefähr
1500 Liter Luft streichen lässt, welche einer wenig belebten
Strasse von Paris und aus einer Entfernung von 3 bis 4 Meter
von der Oberfläche des Bodens entnommen wurde* . Man kann

* . Nach Anwendung der soeben beschriebenen Methode und um
die Ergebnisse, welche ich mit derselben erzielt hatte, zu widerlegen,
hat *Pouchet* später den **Staub** geprüft, **welchen der** Schnee nach dem
Schmelzen hinterlässt, ein Mittel, welches **schon** von *Quatrefages* und
Boussingault (Comptes rendus de l'Académie t. XLVIII, p. 31, 1859)
angewendet worden war. »Der Schnee«, sagt *Pouchet,* »wurde in einem

eine sehr viel genauere Vorstellung von der Zahl der Körperchen erhalten, welche ihre Gestalt und ihr Volumen gestatten als organisirt anzusprechen, aus der Bestimmung der Durchschnittszahl dieser in dem Gesichtsfeld des Mikroskopes enthaltenen Körperchen und aus der Kenntniss des Verhältnisses der Oberflächen des unter der kleinen Glasplatte ausgebreiteten und von ihr bedeckten Tropfens und des Gesichtsfeldes für die angewandte Vergrösserung. Die Gesammtsumme der Körperchen des Tropfens wird gleich sein dem Verhältniss, von welchem wir gesprochen haben, multiplicirt mit der mittleren Zahl der in irgend einem Gesichtsfeld enthaltenen Körperchen. So gelangt man dahin zu erkennen, dass ein kleiner Baumwollpfropfen, welcher 24 Stunden lang dem Luftstrom der rue d'Ulm ausgesetzt war, der einige Meter vom Boden entnommen wurde, während des Sommers nach einer Reihe schöner Tage, bei einer Saugung von ungefähr einem Liter Luft in der Minute mehrere Tausend organisirte Körperchen aufsammelt. Uebrigens schwankt dies Ergebniss unendlich mit dem Zustande der Atmosphäre, ob man vor oder nach Regen arbeitet, bei ruhigem oder unruhigem Wetter, bei Tag oder bei Nacht, in geringer oder grosser Entfernung vom Boden. [33] Man vergegenwärtige sich endlich die tausenderlei Ursachen, welche die Zahl dieser festen Theile, die jedermann in einem in ein dunkles Zimmer fallenden Sonnenstrahl bemerkt hat, vergrössern oder verringern können, und man begreift alle Schwankungen, welche in den vorstehenden Ergebnissen vorkommen müssen.

Die Methode, von der ich soeben gesprochen habe, um den in gewöhnlicher Luft suspendirten Staub zu sammeln und unter dem Mikroskop zu prüfen, ist augenscheinlich nützlicher Modification fähig*).

---

grossen quadratischen Hof gesammelt. Nur die oberflächliche Schicht in einer Dicke von ungefähr 5 Centimetern und in einer Ausdehnung von 4 Quadratmetern wurde verwendet.« (Comptes rendus, t. L, p. 532.)

Ich habe nicht den Staub der Luft studirt, indem ich den Schnee schmelzen liess, und ich weiss nicht, ob diese Methode so viel werth ist, wie diejenige, welche ich befolgt habe. Jedenfalls ist es klar, dass man den ersten gefallenen Schnee, die Schicht vom Boden und nicht die von der Oberfläche studiren muss. Wenn der Schnee den Staub der Luft mit sich reissen kann, so muss der zuerst gefallene dies Amt übernehmen.

*) Sollte es nicht möglich sein, die Baumwolle durch einen Pfropfen von aus löslichem Borate gebildeten und in der Wärme

Ich glaube, dass es von grossem Interesse sein würde, die
Studien über diesen Gegenstand auszudehnen und an ein und
demselben Orte nach den Jahreszeiten, in verschiedenen Orten
an demselben Zeitpunkt die in der Luft zerstreuten organisirten
Körperchen zu vergleichen. Mir scheint, dass die Phänomene
der ansteckenden Krankheiten besonders in Zeiten, wo epide-
mische Krankheiten wüthen, durch in dieser Richtung fortgesetzte
Arbeiten gewinnen würden.

Die Figuren 6, 7, 8 und 9 (Tafel II) stellen organisirte
Körperchen vor, die amorphen Theilchen beigesellt sind, wie sie
sich unter dem Mikroskop bei einer 350 fachen Linearvergrösse-
rung darbieten; die zum Anrühren benutzte Flüssigkeit war gewöhnliche Schwefelsäure.

Fig. 6 bezieht sich auf Staub, der vom 25. bis 26. Juni 1860
gesammelt wurde, Fig. 7 auf Staub von sehr dichtem Nebel aus
dem Monat Februar 1861, Fig. 8 auf Staub, [34] der vom 17.
bis 19. December 1859 bei einer Kälte von — 9 bis — 14°
aufgefangen wurde, Fig. 9 endlich auf Staub aus einem Pfropfen,
vor dem ein anderer lag, um zu zeigen, dass ein einziger Pfropfen
nicht alle in der Luft suspendirten Theile aufhält. Es muss
jedoch beachtet werden, dass der Staub hier nur in sehr geringer Menge vorhanden war, und dass man mehrmals das Gesichtsfeld wechseln musste, um ein organisirtes Körperchen wahrzunehmen, während in den gewöhnlichen Fällen sehr häufig ein
oder mehrere organisirte Körperchen in irgend einem beliebigen
Gesichtsfelde vorhanden sind.

---

ausgezogenen Fäden oder selbst sogar durch in seidenglänzende
Fäden verwandelten Gerstenzucker zu ersetzen?

Augenblicklich versuche ich die Verwendung einer Thermometer-
röhre von grossem Kaliber, in welche in kurzen Entfernungen eine
Reihe von Anschwellungen geblasen ist. Indem man in diese Röhre
einige Tropfen einer zähen Flüssigkeit oder Oel hineinbringt, bleibt die
Flüssigkeit in den Einschnürungen stehen, und, wenn man Luft hin-
durchstreichen lässt, bilden sich die Menisken in den Einschnürungen
nach dem Durchgang jeder Gasblase wieder, welche so eine grosse
Zahl von Malen durch eine sehr geringe anhaftende Menge Flüssigkeit gewaschen wird. *Jamin* hat derartige Röhren zu einigen seiner
bemerkenswerthen Versuche über Capillarität benutzt. Dies hat mir
die Jdee eingegeben, ebensolche Röhren zu verwenden, über deren
Wirksamkeit ich indessen noch nicht urtheilen kann.

Kapitel III.
Versuche mit geglühter Luft.

Wir haben soeben gesehen, dass in der Luft immer organisirte Körperchen vorhanden sind, welche durch ihre Gestalt,
ihre Grösse und ihren sichtbaren Bau nicht von den Keimen niederer Organismen unterschieden werden können, und
deren Zahl gross ist, ohne übertrieben gross zu sein. Giebt es
unter ihnen in der That fruchtbare Keime?*) Das ist eine
wirklich interessante Frage; ich glaube es erreicht zu haben, es
sicher nachweisen zu können. [35] Vordem ich aber die Versuche, welche sich ganz besonders auf diesen Theil des Gegenstandes beziehen, auseinandersetze, ist es unerlässlich, nachzuforschen, ob die von Dr. *Schwann* über die Unwirksamkeit der
geglühten Luft mitgetheilten Thatsachen zutreffend sind.
Pouchet, *Mantegazza*, *Joly* und *Musset* bestreiten es. Suchen
wir festzustellen, auf welcher Seite die Wahrheit liegt; ohnehin
bildet es die Grundlage für unsere weiteren Forschungen.

In einen Ballon von 250 bis 300 Cubikcentimeter brachte
ich 100 bis 150 Cubikcentimeter eines zucker- und eiweisshaltigen Wassers, das nach folgenden Verhältnissen zusammengesetzt war:

Wasser 100
Zucker. 10
Eiweissartige und mineralische Stoffe aus
     Bierhefe herrührend . . . . 0,2 bis 0,7

---

*) Besser und directer würde man das ausgeführt haben, wenn
man die Entwicklung der Keime unter dem Mikroskop verfolgt hätte.
Das war meine Absicht gewesen; da mir aber der Apparat, welchen
ich für diesen Zweck hatte construiren lassen, nicht zur gelegenen
Zeit abgeliefert wurde, bin ich von diesem Studium durch andere
Arbeiten abgezogen worden. Uebrigens darf man sich die Schwierigkeit dieser Beobachtungsmethode nicht verhehlen. Nichts einfacher
als Schimmelsporen in eine für ihre Ernährung geeignete Lösung zu
legen, den folgenden oder den zweitfolgenden Tag einige davon wegzunehmen und nachzusehen, ob sie gekeimt und schon lange Fort-
sätze getrieben haben. Aber etwas anderes ist es, mit einer einzigen
Spore zu arbeiten, welche man unter dem Mikroskop an einem bestimmten Platz wiederfinden muss, indem man sie immer mit Wasser
versieht, um das zu ersetzen, welches von den Rändern der Glasplatte verdunstet, u. s. w. . . . . Und dann zeigen sich sofort die
sehr kleinen Infusorien, Bacterien und Monaden, welche ihr die Luft
entzieht; und die Spore, so eines ihrer wichtigsten Nahrungsmittel
beraubt, entwickelt sich nicht. Ich hoffe binnen Kurzem auf diesen
Theil meiner Arbeit zurückzukommen.

Der schlanke Hals des Ballons steht mit einer glühenden Platinröhre in Verbindung, wie es Fig. 10 (Tafel I) angiebt. Man lässt die Flüssigkeit zwei oder drei Minuten lang kochen, dann vollständig erkalten. Der Ballon füllt sich mit gewöhnlicher Luft von Atmosphärendruck, deren sämmtliche Bestandtheile aber auf Rothgluth gebracht worden waren; dann schliesst man vor der Lampe den Hals des Ballons, der alsdann die in Fig. 11 angegebene Gestalt hat.

Den so hergerichteten Ballon stellt man in einen Trockenkasten bei einer Temperatur von annähernd 30°: man kann ihn dort unendlich lange aufbewahren, ohne dass die Flüssigkeit, welche er enthält, die geringste Veränderung erfährt. Ihre Klarheit, ihr Geruch und ihr schwach saurer Charakter, der kaum mit blauem Lackmuspapier erkennbar ist, erhalten sich ohne wahrnehmbare Aenderung. Ihre Farbe dunkelt mit der Zeit schwach nach, ohne Zweifel unter dem Einfluss einer directen Oxydation der Eiweisskörper oder des Zuckers*).

Mit vollkommener Aufrichtigkeit kann ich behaupten, dass mir niemals auch nur ein einziges Experiment vorgekommen ist, das, in der angegebenen Weise eingerichtet, mir ein zweifelhaftes Ergebniss geliefert hätte. [36] Das zuckerhaltige Hefewasser, welches zwei oder drei Minuten lang gekocht und darauf der Gegenwart der geglühten Luft ausgesetzt wurde, ändert sich also durchaus nicht**), selbst nicht nach achtzehnmonatlichem Aufenthalt bei einer Temperatur von 25 bis 35°, während es sich, wenn man es gewöhnlicher Luft überlässt, nach ein oder

---

*) Diese directe Oxydation ergiebt sich aus der folgenden Analyse, welche mit der Luft aus einem bis zu $\frac{2}{3}$ mit zuckerhaltigem Hefewasser angefüllten Ballon, der im Trockenkasten vom 12. Februar bis 18. April 1860 zugebracht hatte, ausgeführt worden war.

Kohlensäure   0,9
Sauerstoff 19,5
Stickstoff, aus der Differenz 79,6
                              100,0 .

Das Kohlensäurevolumen ist geringer als das verschwundene Sauerstoffvolumen. Das kann an den Differenzen in den Löslichkeitscoëfficienten dieser Gase liegen. Die Flüssigkeit war vollkommen klar.

Alle in dieser Abhandlung enthaltenen Gasanalysen sind mit dem *Regnault*'schen Eudiometer ausgeführt worden.

**) Ich habe Gelegenheit gehabt, das Experiment gewiss mehr als fünfzig Mal zu wiederholen, und in keinem Falle hat diese so veränderliche Flüssigkeit bei Gegenwart geglühter Luft eine Spur organisirter Bildungen ergeben.

zwei Tagen auf dem Wege deutlicher Veränderung befindet, von Bacterien und Vibrionen erfüllt und mit Mucor bedeckt ist.

Dr. *Schwann*'s Versuch, auf zuckerhaltiges Hefewasser angewendet, ist folglich von einwurfsfreier Genauigkeit.

Wie konnte es sich ereignen, dass nichtsdestoweniger mehrere Beobachter wie *Pouchet*, *Mantegazza* und *Schwann* selbst zu widersprechenden Ergebnissen gelangt sind? Ich füge hinzu, dass Dr. *Schwann* selbst nicht immer mit seinen Experimenten über die Unwirksamkeit der geglühten Luft Glück hatte; in der That haben wir ja in dem ersten Theil der vorliegenden Abhandlung, wo ich die Arbeit dieses Gelehrten kurz wiedergegeben, gesehen, dass seine Versuche über die alkoholische Gährung zuweilen den erhofften entgegengesetzte Ergebnisse lieferten, ohne dass er übrigens die muthmaasslichen Fehlerquellen dieser Resultate erkennen konnte.

[37] Ich selbst kam in noch nicht veröffentlichten Versuchen zu dem Schluss, dass die Experimente mit geglühter Luft nur ausnahmsweise gelingen. Ich werde einige anführen.

Am 9. August 1857 richte ich mehrere Ballons von $\frac{1}{4}$ Liter Rauminhalt, wie folgt, her. In jeden bringe ich 50 Cubikcentimeter sehr klares zuckerhaltiges Wasser der Bierhefe, welches im Liter 100 g Zucker und 3 g stickstoffhaltige und mineralische Stoffe enthielt, welche den löslichen Bestandtheilen der Hefe entlehnt waren. Vor der Lampe ziehe ich den Hals des Ballons aus, bringe die Flüssigkeit zum Kochen und schliesse dann während des Kochens, das vorher zwei bis vier Minuten gedauert hatte, die feine Spitze mit dem Löthrohr. Darauf stelle ich nach einander jeden Ballon umgekehrt in die Quecksilberwanne und breche auf dem Grund derselben die Spitzen des Ballons ab; dann leite ich in den ersten Ballon ungefähr 70 Cubikcentimeter Sauerstoff, der aus chlorsaurem Kali dargestellt worden war und vor dem Eintritt in den Ballon durch eine rothglühende Porzellanröhre strich. In den zweiten Ballon lasse ich 50 Cubikcentimeter Sauerstoff eintreten, welcher von der Zersetzung des Wassers durch den galvanischen Strom herrührte und frisch gebildet wurde. In den dritten und vierten Ballon lasse ich 50 bis 60 Cubikcentimeter gewöhnliche Luft gelangen, welche eine rothglühende Porzellanröhre passirte. In einen fünften Ballon endlich bringe ich 50 Cubikcentimeter nicht erhitzte gewöhnliche Luft. Darauf bringe ich die fünf Ballons umgestürzt auf Quecksilber in Gläsern mit Fuss in einen Trockenschrank von der constanten Temperatur 25 bis 30°.

Am 13. August sind in allen Ballons organisirte Gebilde
vorhanden. Die Flüssigkeit des ersten war vollständig trübe und
milchig durch die Gegenwart von sehr feinen zu rosenkranzförmigen Reihen vereinigten Körnern einer Torulacee. Der
zweite Ballon ist in der Nacht vom 15. zum 16. August umge-
fallen, weil er sich in Folge von Gährung mit Gas erfüllt hatte.
Eine mikroskopische Untersuchung der [38] Flüssigkeitsmengen,
welche in dem Glase zurückgeblieben waren, liessen Kügelchen
von Bierhefe erkennen. Die Ballons 3, 4 und 5 boten in der
klaren Flüssigkeit schwimmende Schimmelrasen dar.

Kurz, ich erhielt Ergebnisse, welche geradezu denjenigen
des Dr. *Schwann* widersprachen. Schimmelarten und Torulaceen können bei Gegenwart von ausgeglühter Luft in Flüssigkeiten entstehen, welche gekocht worden waren.

Ich veröffentlichte diese Versuche nicht; die Schlüsse,
welche man daraus ableiten musste, waren zu gewichtig, als
dass ich nicht vor irgend einem verborgenen Irrthum Furcht
gehabt haben sollte, trotz der Sorgfalt, welche ich mir gegeben
hatte, sie vorwurfsfrei zu gestalten. Später ist es mir in der
That gelungen, die Fehlerquelle zu erkennen.

Obgleich es so ist, so lagen die Sachen damals derartig,
dass ein Beobachter, indem er guten Glaubens in der Quecksilberwanne die Versuche *Needham's, Spallanzani's* und *Appert's* mit der von Dr. *Schwann* angegebenen Modification wiederholte, zu Folgerungen kam, welche der Lehre von der
Urzeugung durchaus günstig waren, ohne dass es möglich war,
die wirkliche Fehlerquelle in seinen Experimenten anzugeben.
Man konnte nur glauben, dass es sehr schwer hielt, eine kleine
Menge gewöhnlicher Luft von den Gefässen auszuschliessen.
Aber abgesehen davon, dass diese Furcht übertrieben war, so
wird man im Folgenden sehen, dass keineswegs h i e r i n die Un-
genauigkeit der Methode bestand.

In allen diesen Versuchen, wie in denjenigen des Dr. *Schwann*,
welche dem Ergebniss seines ersten Experimentes mit der
Fleischbrühe widersprachen, ist es das Quecksilber, welches die
Keime in die Flüssigkeiten einführt. Ich werde die überzeugen-
den Beweise dafür später bringen. Aber es mag schon hier bemerkt werden, dass das Quecksilber einer Laboratoriumswanne
beständig der Gefahr ausgesetzt ist, den Staub der Luft aufzu-
nehmen, und dass diese Flüssigkeit folglich eine Menge jener
organisirten Körperchen enthalten muss, welche zu studiren

wir im vorhergehenden Kapitel kennen gelernt haben. [39] Ihre specifische Leichtigkeit würde nur dann ausreichend sein, um sie an die Oberfläche zu bringen, wenn sie eine wahrnehmbare Grösse hätten. Ueberdies würde es nicht möglich sein, sie bei den Manipulationen zu vermeiden, wenn diese Körperchen nur an der Oberfläche des Quecksilbers vorkämen. Lässt man Staub sich auf dem Quecksilber absetzen und taucht man darauf eine Glasröhre, eine Eprouvette oder irgend ein Gefäss in dasselbe, so wird man in der That sehen, dass der Staub von der Oberfläche nach und nach in die Vertiefung eindringt, welche der feste Körper zwischen sich und dem Quecksilber lässt. Wenn der Körper einen Decimeter oder mehr eintaucht, so folgt ihm der Staub bis zu dieser Tiefe, und die letzten Staubtheilchen werden aus grosser Entfernung nach dem Punkt, wo der Körper eingetaucht wurde, hingezogen.

Wir können die Versuche dieses Kapitels wie folgt zusammenfassen. Zuckerhaltiges Hefewasser, eine ausserordentlich veränderliche Flüssigkeit bei Berührung mit gewöhnlicher Luft. kann ganze Jahre lang unversehrt aufbewahrt werden, wenn es der Einwirkung ausgeglühter Luft ausgesetzt wird, nachdem es vorher zwei oder drei Minuten lang gekocht worden war. Aber der Versuch muss zweckmässig angestellt werden. In der Quecksilberwanne mit aller erdenklichen Sorgfalt ausgeführt, gelingt er nur ausnahmsweise, wenn er überhaupt einige Male gelingt. Die Flüssigkeit ändert sich fast ebenso leicht, wie bei gewöhnlicher Luft, weil es unmöglich ist, dass die Manipulation, in welcher Weise sie auch ausgeführt werde, keine aus dem Innern oder von der Oberfläche des Quecksilbers oder von den Wänden der Wanne herrührende Keime einführe.

Das Misslingen der Experimente mit ausgeglühter Luft, so oft man sie in der Quecksilberwanne anstellte, war nicht die einzige Ursache der Unsicherheit und der Verwirrung in dieser wichtigen Frage vom Entstehen der niedrigsten Wesen.

Ersetzt man in den vorstehenden Versuchen das zuckerhaltige Hefewasser durch Milch oder durch eine andere Flüssigkeit von solcher Beschaffenheit, wie wir sie noch kennen lernen werden, und führt man den Versuch in der Weise aus, [40] dass man mit der Quecksilberwanne oder mit dem schon beschriebenen Apparat, wie er in Fig. 10 (Tafel I) abgebildet ist, und welcher für zuckerhaltiges Hefewasser sehr constante Ergebnisse liefert, so verfault in der That die Milch und weist Organismen auf.

Diese so verschiedenen, scheinbar widersprechenden Ergebnisse werden ihre natürliche Erklärung in einem der folgenden Kapitel finden. Aber bis dahin waren sie wohl geeignet,
Verwirrung in den Geistern anzurichten, so wie ich es schon in
dem an den Anfang dieser Arbeit gestellten historischen Kapitel zu zeigen versucht habe.

Kapitel IV.

Aussaat von Staub, der in der Luft suspendirt ist, in zur Entwicklung niederer Organismen geeignete Flüssigkeiten.

Die Versuchsergebnisse der beiden vorausgehenden Kapitel
haben uns gelehrt,

1. dass in der gewöhnlichen Luft stets organisirte Körperchen suspendirt sind, welche den Keimen niederer Organismen vollständig gleich sind,
2. dass zuckerhaltiges Wasser von Bierhefe, eine bei gewöhnlicher Luft ausserordentlich veränderliche Flüssigkeit,
unversehrt und durchsichtig bleibt, ohne Infusorien oder
Schimmel zu erzeugen, wenn sie mit vorher geglühter Luft
in Berührung gelassen wird.

Dies voraussetzend, wollen wir versuchen zu erforschen,
was sich bei Berührung mit derselben Luft ereignen würde,
wenn man in das zucker- und eiweisshaltige Wasser Staub
hineinsäet, den zu sammeln wir im Kapitel II kennen gelernt
haben, ohne irgend etwas anderes als diesen Staub hineinzubringen.

Welches auch immer die Versuchsmethode sein mag, es ist
nöthig, dass sie vollständig die Quecksilberwanne ausschliesst,
weil alle Ergebnisse dadurch getrübt werden würden. [41] Ich
habe das für diesen Punkt der Frage unmittelbar durch besondere
Versuche, über welche hier zu berichten ich nicht für nützlich
halte, festgestellt. Ich werde übrigens noch Gelegenheit haben,
auf den Nachtheil in der Verwendung des Quecksilbers bei
dieser Art Experimente zurückzukommen.

Folgendes sind die Anordnungen, welche ich traf, um den
Staub der Luft in fäulniss- oder gährungsfähige Flüssigkeiten
bei Gegenwart von geglühter Luft zu bringen.

Nehmen wir unseren zuckerhaltiges Hefewasser und geglühte
Luft enthaltenden Ballon Fig. 11 (Tafel I) wieder vor. Ich setze

voraus, dass der Ballon seit zwei oder drei Monaten im Wärmschrank bei 25 bis 30° zubringt, ohne dort irgend eine wahrnehmbare Veränderung erfahren zu haben, deutlicher Beweis
von der Unwirksamkeit der geglühten Luft, mit der er unter gewöhnlichem Luftdruck gefüllt wurde.

Mittelst einer Kautschukröhre verbinde ich den Ballon,
während seine Spitze beständig geschlossen bleibt, mit einem
Apparate, der folgendermaassen aufgestellt ist (Fig. 12 Tafel I.
T ist ein starkes Glasrohr von 10 bis 12 Millimeter lichtem
Durchmesser, in welches ich ein Stückchen Rohr von kleinem
Durchmesser a legte, das an seinen Enden offen war, frei in der
dicken Röhre gleiten konnte und einen Theil eines der kleinen
mit Staub beladenen Baumwollpfropfen umschloss; R ist eine
Messingröhre von der Form eines T mit Hähnen, von denen der
eine mit der Luftpumpe in Verbindung steht, ein anderer mit
einer rothglühenden Platinröhre und der dritte mit der Röhre T:
cc stellt das Kautschukrohr vor, welches den Ballon B mit der
Röhre T verbindet.

Wenn alle Theile des Apparates an einander gefügt sind
und die Platinröhre durch den bei G abgebildeten Gasofen auf
Rothgluth gebracht ist, so evacuirt man, nachdem man den
zu dem Platinrohre führenden Hahn geschlossen hat. Dieser
Hahn wird darauf geöffnet, so dass er allmählich wieder geglühte Luft in den Apparat eintreten lässt. Die Evacuirung und
das Wiederhinzutreten der geglühten Luft werden abwechselnd
zehn bis zwölf Mal wiederholt. So findet sich die kleine Röhre
mit Baumwolle mit geglühter Luft bis in die kleinsten Zwischen-
räume der Baumwolle erfüllt, doch hat dieselbe ihren Staub bewahrt. Nachdem dies geschehen ist, breche ich die Spitze des
Ballons B durch den Kautschuk cc hindurch ab, [42] ohne die
Schnürchen aufzubinden; dann lasse ich die kleine Röhre mit
Staub in den Ballon gleiten. Endlich verschliesse ich vor der
Lampe den Hals des Ballons, welcher von Neuem in den
Wärmschrank zurückgestellt wird. Nun ereignet es sich regelmässig, dass in dem Ballon Gebilde nach vierundzwanzig, sechs-
unddreissig oder höchstens achtundvierzig Stunden anfangen zu
erscheinen.

Das ist genau die Zeit, welche nothwendig ist, dass die nämlichen Gebilde in zuckerhaltigem Hefewasser auftreten, wenn
dasselbe der Berührung mit gewöhnlicher Luft ausgesetzt wird.

Folgendes sind die Einzelheiten einiger Versuche:

In den ersten Tagen des November 1859 richtete ich nach

3*

der Methode der Fig. 10 mehrere Ballons von 250 Cubikcentimeter Inhalt her, welche 100 Cubikcentimeter zuckerhaltiges
Hefewasser und 150 Cubikcentimeter geglühte Luft enthielten.
Sie blieben im Wärmschrank bei einer Temperatur von nahezu
30° bis zum 8. Januar 1860 stehen. An diesem Tage brachte
ich gegen neun Uhr Morgens in einen dieser Ballons mit Hülfe
des Apparates in Fig. 12 (Tafel I) einen Theil eines Baumwollpfropfes, welcher mit Staub beladen war, der aufgefangen wurde,
wie ich es im Kapitel II auseinandergesetzt habe.

Am 9. Januar neun Uhr Morgens bietet die Flüssigkeit des
Ballons nichts Besonderes dar. Sechs Uhr Abends desselben
Tages sieht man sehr deutlich kleine Büschel Schimmel aus der
Röhre mit Staub hervorkommen. Vollständige Klarheit der
Flüssigkeit.

Am 10. Januar fünf Uhr Abends bemerke ich ausser den
seidenglänzenden Büscheln von Schimmel, während die Flüssigkeit noch vollkommene Klarheit bewahrt hatte, auf den Wänden
des Ballons eine grosse Zahl weisser Streifen, welche in verschiedenen Farben schillern, wenn man den Ballon zwischen das
Auge und das Licht hält.

Am 11. Januar hat die Flüssigkeit ihre Klarheit verloren.
Sie ist so stark getrübt, dass man die Myceliumbüschel nicht
mehr unterscheiden kann.

Nun öffne ich den Ballon durch einen Feilstrich und studire
die verschiedenen Gebilde, welche in ihm entstanden sind, unter
dem Mikroskop.

[43] Die Trübung der Flüssigkeit wird von einer Menge
kleiner Bacterien von den allergeringsten Dimensionen veranlasst,
welche in ihren Bewegungen sehr schnell sind, sich lebhaft hin-
und herbewegen oder hin- und herschwingen u. s. w. (Fig. 13,
Tafel II).

Die seidenglänzenden Büschel werden von einem Mycelium
aus verzweigten Fäden gebildet Fig. 14, Tafel II).

Endlich besteht jene Art staubartigen Niederschlages in
Gestalt weisser Streifen, der sich am 10. Januar zeigte, aus einer
sehr eleganten Torulacee, wie sie in Fig. 15 (Tafel II) abgebildet
worden ist. Diese Torulacee ist in den eiweiss- und zuckerhaltigen
Flüssigkeiten sehr häufig, sie entwickelt sich z. B. in dem etwas
sauer gemachten Rübensaft, in dem Harn der Diabetiker, und
man könnte sie leicht mit der Bierhefe verwechseln, der sie
durch ihre Entwicklungsweise gleicht, wenn der Durchmesser
ihrer Kügelchen nicht merklich kleiner wäre, als derjenige der

Hefezellen, und zwar um ein Drittel oder selbst um die Hälfte kleiner. Die Kügelchen dieser Torulacee sind wenig körnig und durchsichtiger als die Kügelchen der Bierhefe. Wenn überhaupt ein Zellkern zu sehen ist, ist nur einer und zwar sehr deutlich zu sehen. Diese Kügelchen vermehren sich durch Sprossung und nehmen durch diese Vermehrungsweise die verzweigte Gestalt der Bierhefe an.

So haben wir dreierlei Gebilde, welche unter dem Einfluss des ausgesäeten Staubes entstanden sind, Gebilde derselben Art wie diejenigen, welche man in den nämlichen zucker- und eiweisshaltigen Flüssigkeiten entstehen sieht, wenn man sie der Berührung mit gewöhnlicher Luft überlässt.

Am 17. Januar habe ich in zwei weitere Ballons mit zuckerhaltigem Hefewasser, welche seit dem Monat November unverändert geblieben waren, Staub eingeführt.

Am 19. Januar Mittags ist eine der Flüssigkeiten vollständig trübe. Sonst bietet sie keine Spur von Mycelium. Die Flüssigkeit des anderen Ballons ist noch vollständig klar. Keine Spur organisirter Gebilde.

Fünf Uhr Abends desselben Tages befindet sich der erste Ballon in demselben Zustande; [44] nur hat die Trübung zugenommen; was den anderen anlangt, so ist die Klarheit seiner Flüssigkeit anhaltend vollkommen: aber ein Mycelbüschel kommt aus der kleinen Röhre mit Staub hervor und füllt das ganze eine Ende aus.

Am 20. hat sich der Zustand des ersten Ballons nicht wahrnehmbar geändert. Der Schimmel im zweiten hat sich bedeutend entwickelt und ein neuer ist in der Flüssigkeit selbst entstanden. Ausserdem scheint die Klarheit der Flüssigkeit etwas geändert zu sein.

Am 21. ist die Flüssigkeit des zweiten Ballons fast ebenso trübe wie diejenige des ersten, und die Mycelrasen sind seit dem vorhergehenden Abend nicht gewachsen, das heisst, seitdem die Trübung sich in der ganzen Masse der Flüssigkeit gezeigt hatte.

Am 22. und 23. Januar bleiben die Mycelrasen andauernd stationär, und es ist unzweifelhaft, wie man sehen wird, dass man den Stillstand in ihrer Entwickelung der Gegenwart der Infusorien zuschreiben muss, welche die Flüssigkeit trüben, und welche, indem sie sich des gelösten Sauerstoffs bemächtigen, die Pflanze eines ihrer wichtigsten Nahrungsmittel berauben.

Dies Ergebniss ist constant und erklärt, warum man in dem ersten
Ballon keine andere organisirte Gebilde entstehen sieht, nachdem die an erster Stelle zur Entwickelung gelangten aus Infusorien bestehen.

Folgendes bietet eine beachtenswerthe Bestätigung dieser
Ansicht:

Als ich sah, dass die Mycelrasen des zweiten Ballons seit
dem 20. Januar stationär blieben, liess ich am 23. die kleine
Röhre mit Staub in den Hals des Ballons fallen, wie es Fig. 16
(Tafel I) darstellt, um den Schimmelrasen, welcher das eine der
beiden Enden dieser kleinen Röhre anfüllte, mit der Luft des
Ballons in Berührung zu bringen und so den Einfluss der Infusorien auszuschliessen.

Nun hat der Schimmel achtzehn Stunden später seit dem
24. Januar Morgens Fädchen nach allen Richtungen getrieben,
welche die kleine Röhre und den Hals des Ballons auskleiden.
Am 25. fructificirte er. [45] Am 27. erstreckt er sich
theilweise über die Oberfläche der Flüssigkeit des Ballons. Von
diesem Tage an hat er sich nicht mehr vergrössert und ist
dauernd stationär geblieben, weil aller Sauerstoff aus der Luft
des Ballons verschwunden und durch Kohlensäure ersetzt worden war.

Diese Thatsachen, welche ich sehr oft Gelegenheit hatte,
unter analogen Umständen zu beobachten, zeigen den ganzen
Einfluss, welchen die einen Gebilde auf die anderen ausüben
können, wenn sie sich gleichzeitig entwickeln, zeigen, wie sie
sich schaden können, und wie es kommt, dass eine Flüssigkeit
mannigfaltige Organismen darbieten kann, aber sehr viel weniger zahlreich in jedem besonderen Fall, als ausgesäete Keime
vorhanden sind und als sich strenge genommen entwickeln
müssten. Die ersten, welche sich auf dem Wege der Vermehrung
befinden, ersticken die anderen[*].

---

[*] Auf Grund meiner Untersuchungen führt *Pouchet* das mit
Unrecht als einen wichtigen Einwand an, dass der Staub, welchen er
ausgesät hat, ihm nicht mehr Mucedineen geliefert hätte, als ohne
Aussaat erschienen. Gerne möge er sie aussäen z. B. in die nämliche
Flüssigkeit, welche in ein gefächertes Gefäss gegossen ist, und er
wird sehen, dass die Körperchen der Luft, welche in diese Fächer
ausgesät werden, ihm sehr mannigfaltige Gebilde liefern. Das ist
eigentlich dasselbe, was ich thue, wenn ich mit mehreren Ballons getrennt arbeite.

Alle Bedingungen werden gleich sein, aber in jedem kleinen
Fach werden die Gebilde, welche zuerst getrieben haben, in nichts

Alle, welche die organisirten Gebilde der Aufgüsse studirten, haben die Beobachtung machen können, dass ein Aufguss mehr oder weniger vollkommen der Infusorien beraubt
wird, wenn er sich in den ersten Tagen, dass er der Luft ausgesetzt ist, zufällig mit Schimmel bedeckt. Und umgekehrt
zeigt er, wenn Infusorien zuerst auftreten, kaum Schimmel. Die
Ursache dieser Thatsache ist gleichartig mit derjenigen, von der
ich eben gesprochen habe. Im ersten Falle wird der Sauerstoff von dem Schimmel, im zweiten von den Infusorien absorbirt. [46] Was ich von dem Sauerstoff sage, kann ohne
Zweifel auch auf die anderen Nährstoffe dieser kleinen Wesen
angewandt werden.

In Fig. 17 (Tafel II) habe ich den in dem Hals des Ballons,
welcher am 31. Januar geöffnet worden war, um die in ihm entstandenen Bildungen studiren zu können, zur Entwicklung gelangten Schimmel abgebildet.

Auf dem Grunde der Flüssigkeit, welche seit mehreren Tagen
klar geworden war, weil der Schimmel seinerseits der Entwicklung der Infusorien geschadet hatte, ist ein deutlicher weiss-
gelblicher Niederschlag. welcher ausschliesslich aus den Leichnamen kleiner Bakterien und Vibrionen besteht. Alle waren
ausnahmslos bewegungslos. abgesehen von der Brown'schen
Bewegung.

Was den Schimmel anlangt, so hatte sein Mycelium verti-
cale, durchscheinende, ungefärbte und nicht verzweigte Fäden
getrieben, welche an ihrem Ende kleine, bei den ältesten Indi-
viduen dunkelbraun gefärbte Kügelchen tragen. Diese Sporangien lassen sich leicht unter dem Deckglas zerquetschen und
lassen in ihrem Innern Sporen erkennen. Alsdann nimmt man
sehr deutlich wahr, dass diese Sporangien eine membranartige
Hülle haben, denn sie ist es gerade, welche durch den Druck
zerreisst. Lässt man darauf einen Wassertropfen unter dem
Deckglas hinzutreten, so entleert sich die kleine Kugel sofort;
es treten in reissenden Strömen Haufen eiförmiger Sporen aus.
welche vollkommen durchscheinend und von grosser Schärfe der
Umrisse sind. Ihr Durchmesser schwankt zwischen 0,006 und
0,008 Millimeter. Das sind alles Charaktere der gemeinsten Species vom Genus Ascophora. Aber neben diesem Schimmelpilz traf
ich ausserdem einen sehr abweichend gebauten Pilz an, welcher

denjenigen der benachbarten Fächer schaden. Die Mannigfaltigkeit
der Bildungen wird nur deshalb nicht unendlich sein, weil sie, wie
man weiss, durch die Natur des Aufgusses beschränkt ist.

zum Genus Penicillium gehört und in Fig. 18 (Tafel II abgebildet
ist; sogar im Innern der kleinen staubführenden Röhre fand sich
vermischt mit Baumwollfäden eine Torula mit grossen Zellen von
0,02 bis 0,04 Millimeter Durchmesser, verbunden mit sehr viel
längeren Gliedern, welche aus einer Weiterentwicklung dieser
im Allgemeinen sehr körnchenreichen Zellen herrühren. Sie
ist in Fig. 19 (Tafel II) abgebildet.

[47] Ich könnte die Beispiele von den im zuckerhaltigen Hefewasser durch die Aussaat von Staub der Luft im Schoosse einer
vorher geglühten und an sich vollkommen unwirksamen Luft
auftretenden Gebilde noch bedeutend vermehren. Ich habe zur
Beschreibung vor anderen die Versuche ausgewählt, welche mir
sehr gewöhnliche organisirte Gebilde lieferten, die häufig auf
Flüssigkeiten von der Natur der angewandten erscheinen. Aber
es entstehen die verschiedensten Mucorineen, Torulaceen und
Mucedineen. Was die Infusorien anbetrifft, so sind es für diese
Art von Flüssigkeiten immer kleine Bakterien, die kleinsten
Monaden oder die kleinsten Vibrionen.

Nun sind alle diese Gebilde genau von der nämlichen Beschaffenheit derjenigen, welche man in der Flüssigkeit, um die
es sich handelt, auftreten sieht, wenn sie frei der Berührung mit
gewöhnlicher Luft ausgesetzt ist. Was die Infusorien anbetrifft,
so kann ich versichern, dass ich unter keinen Umständen in
zuckerhaltigem Hefewasser andere Infusorien als Bakterien und
die kleinsten Vibrionen entstehen sah. Das dickste Infusorium,
dem ich begegnete, ist Monas lens von 0,004 Millimeter Durchmesser, und zwar habe ich sie nur sehr selten gesehen sowohl
an freier Luft als auch in geschlossenen Ballons. Was die
Pflanzen anlangt, so kommen vor Mucorarten, gewöhnliche
Mucedineen oder Torulaceen*.

---

*) Ich muss hier ein für alle Mal sagen, dass ich Mucor die
pflanzlichen organisirten Gebilde nenne, welche sich vorzugsweise
auf der Oberfläche der Flüssigkeiten entwickeln, und welche einen
mehr oder weniger fetten oder gelatinösen Anblick in dünnen oder
dichten, feuchten oder trockenen und zuweilen körnigen Häutchen
darbieten; Mucedineen Schimmel im eigentlichen Sinne, dessen
Mycelium aus verschiedentlich verzweigten Hyphen besteht, und
welcher auf der Oberfläche der Flüssigkeit gewöhnlich gefärbte und
staubförmige Fructificationsorgane und zuweilen dem nackten Auge
sichtbare Hyphen zeigt, die mit Sporangien wie bei den gewöhnlichsten Schimmelarten endigen; Torulaceen endlich die kleinen
zelligen nicht fädigen Pflanzen, welche sich auf dem Grunde der
Flüssigkeit zeigen, wo sie sich durch Sprossung vermehren, indem
sie nach Art der Bierhefe die Form von Niederschlägen nachahmen.

[48] Man könnte sich vielleicht fragen, ob die Baumwolle in den vorausgehenden Versuchen, in so weit sie organische Materie ist, nicht einigen Einfluss auf die Ergebnisse gehabt hat. Es ist besonders nützlich zu wissen, was sich ereignen würde, wenn man die Manipulationen mit den in besagter Weise hergerichteten Ballons unter Entfernung des Staubes der Luft wiederholen würde. Mit anderen Worten, hat nicht die Manipulation, auf welche man zur Einführung des Staubes greifen muss, selbst einen Einfluss? Es ist unerlässlich, sich dessen zu versichern.

Um diese Fragen zu beantworten, ersetzte ich die Baumwolle durch Asbest. Nachdem die Asbestpfropfen während einiger Stunden dem Luftstrom des Aspirators (Fig. 1) ausgesetzt gewesen waren, wurden sie gemäss den vorstehenden Angaben in die Ballons eingeführt und lieferten genau eben solche Ergebnisse wie diejenigen Versuche, über welche wir soeben berichteten. Aber durch Asbestpfropfen, welche vorher geglüht und nicht mit Staub beladen waren, oder welche mit Staub beladen waren, aber später geglüht wurden, sind weder Trübungen, noch Infusorien, noch Pflanzen irgend welcher Art hervorgerufen worden. Die Flüssigkeiten bewahrten vollkommen ihre Klarheit. Ich habe zahlreiche Male diese vergleichenden Versuche wiederholt und bin immer durch ihre Deutlichkeit und ihre vollkommene Beständigkeit überrascht worden. In der That sollte es scheinen, dass Experimente von dieser Feinheit zuweilen widersprechende Resultate liefern müssten, welche durch zufällige Fehlerquellen herbeigeführt werden. Nun ist es mir nicht ein einziges Mal passirt, dass mir die Experimente nicht vollkommen gelungen wären, wie ich auch niemals bemerkt habe, dass die Aussaat von Staub keine organisirte Gebilde lieferte.

Im Angesichte solcher Ergebnisse, bestätigt und vergrössert durch diejenigen der folgenden Kapitel, betrachte ich es als mathematisch strenge bewiesen, dass alle organisirten Gebilde, welche bei gewöhnlicher Luft in zucker- und eiweisshaltigem Wasser entstehen, nachdem es vorher gekocht worden war, ihren Ursprung von den in der Luft suspendirten festen Theilchen ableiten.

[49 Aber andererseits sahen wir im Kapitel II, dass diese festen Theilchen mitten zwischen einer Menge amorpher Brocken kohlensauren Kalks, Kieselerde, Russ, Wollfäserchen u. s. w. organisirte Körperchen umschliessen, welche den kleinen Körnchen jener Gebilde zum Verwechseln gleichen, deren Entstehen

wir in dieser Flüssigkeit erkannt haben. Die Körperchen sind
also die fruchtbaren Keime dieser Gebilde.

Nebenbei müssen wir schliessen, dass, wenn die geglühte
Luft mit einer aus zucker- und eiweisshaltigem Wasser bestehenden *Appert*'schen Conserve wie Traubensaft zusammen-
gebracht wird, letztere sich nicht ändert, wie das Dr. *Schwann*
zuerst gefunden hat, weil die Wärme die Keime, welche diese
Luft herbeiführt, zerstört hat. Das sahen alle Gegner der un-
gleichartigen Zeugung voraus. Ich habe dafür wohl begründete
und entscheidende Beweise gegeben und verpflichte alle nicht
voreingenommenen Geister, jeden Gedanken an das Vorhandensein eines mehr oder weniger mysteriösen Princips wie eines
Gases, einer Flüssigkeit, eines Ozons u. s. w., das die Eigenschaft besitzt, in den Aufgüssen irgend eine organisirte Bildung
hervorzurufen, weit von sich zu weisen.

Hier wäre eine sehr interessante Frage zu behandeln, auf
welche ich in einer besonderen Publication zurückkommen
werde, und welche nicht verfehlen wird, den Leser zu überraschen. Nichts ist geeigneter als die auf den vorhergehenden
Seiten studirte Flüssigkeit, um alkoholische Gährung zu erzeugen.
Das zuckerhaltige Hefewasser ist nach Art des Traubensaftes,
des Biermostes, des Rübensaftes u. s. w. zusammengesetzt,
Flüssigkeiten, welche, der Berührung mit gewöhnlicher Luft ausgesetzt, leicht in Gährung übergehen. Nun ist es mir in einer
beträchtlichen Zahl von Versuchen, welche in der oben angegebenen Weise angestellt wurden, und in welchen Staub der Luft
in zuckerhaltiges Hefewasser gesäet wurde, niemals passirt, dass
ich Gährung in der Zuckerlösung erhielt*).

Hier ist die geeignete Stelle, zu bemerken, dass es nichts
Wahrheitswidrigeres giebt, als jene von den Anhängern der
Urzeugung oft wiederholte Behauptung, [50] »dass dem Erscheinen der ersten Organismen immer Gährungs- oder Fäulniss-
erscheinungen vorausgehen, und dass die Bildung der Aufguss-
thiere bei den Macerationen die Folge einer Entwicklung
verschiedener Gase ist, welche wir der Zersetzung der angewandten Substanzen verdanken, und dass erst nach dem Be-
merkbarwerden dieser Erscheinungen an der Oberfläche der
Flüssigkeiten ein besonderes Häutchen entsteht.«**) Wenn man

---

*) Ich werde später zeigen, dass diese Besonderheit mit der Be-
ziehung zusammenhängt, welche in meinen Versuchen zwischen dem
Luftvolumen und der Flüssigkeit vorhanden ist.

** *Pouchet*, Traité de la génération spontanée 1859, p. 352 u. 353.

mir von gährungsfähiger Bewegung, welche ich in meinen Flüssigkeiten veranlasse, indem ich den Staub in dieselben aussäe,
spricht, von gährungsfähiger Bewegung, welche zur
Entfaltung der zeugenden Kräfte nöthig ist, so sehe
ich darin nur vage Worte, denen mich das Experiment lehrt
keinen vernünftigen Sinn beizulegen.

Kapitel V.

Ausdehnung der vorstehenden Ergebnisse auf andere sehr veränderliche Flüssigkeiten. — Urin. — Milch. — Mit kohlensaurem Kalk gemischtes zucker- und eiweiss-haltiges Wasser.

§ I. Urin.

Es ist bekannt, mit welcher Leichtigkeit sich frischer Urin
bei Berührung mit atmosphärischer Luft verändert. Gewöhnlich
verliert er seine Acidität, trübt sich, verbreitet einen starken
ammoniakalischen Geruch und setzt Krystalle verschiedener
Beschaffenheit ab. Ein aufmerksames mikroskopisches Studium
gestattet zu erkennen, dass die Trübung der Flüssigkeit, der
Satz, welcher auf dem Grunde des Gefässes entsteht, und das
Häutchen, welches oft allmählich die ganze Oberfläche der
Flüssigkeit bedeckt, aus organisirten Gebilden zusammengesetzt
ist*). Folgendes sind die häufigsten: das Häutchen auf der
Oberfläche der Flüssigkeit ist oft eine Schimmeldecke, die von
Körnern oder besser von Gliedern von ausserordentlicher Zart-
heit gebildet wird; [51] man würde sagen Anhäufungen von
Bacterium termo ohne Bewegung. Dies erscheint um so wahr-
scheinlicher, als in dem nämlichen Häutchen dies Infusorium
neben sehr kleinen sich mit Schnelligkeit im Kreise bewegenden
Monaden herumwimmelt. Dies membranartige Häutchen sinkt
ganz oder stückweise auf den Boden des Gefässes, sobald als
es an einzelnen Punkten zu schwer wird; alsdann bildet sich ein
neues, das seinerseits zu Boden sinkt. Daher rühren gewisse
Niederschläge des in Zersetzung begriffenen Urins.

---

* Ich lasse, wohl verstanden, die schleimigen und amorphen
Niederschläge, welche im Urin beim Erkalten entstehen, bei Seite.

In anderen Fällen entwickeln sich an der Oberfläche des
Urins Inselchen von Mucedineen, besonders von Penicillium
glaucum, welches sich indessen nur mühsam vermehrt, ohne
seine echte grünblaue Farbe anzunehmen.

Endlich bedeckt sich der Urin, wenn sich die umgebende
Temperatur nicht bis zu mehr als 15° erhebt, ziemlich häufig
mit einem zusammenhängenden schwer zerreissbaren Häutchen,
das sich sofort ohne Lösung der Continuität wieder bildet, sobald man den Glasstab, mit dem man seine Theile zu trennen
sucht, zurückzieht. Wenn dies Häutchen entsteht, so passirt es
ziemlich häufig, dass der Urin sauer bleibt und sich nicht merklich trübt.

Dies Häutchen wird von einer merkwürdigen der Torulacee
Fig. 15 sehr ähnlichen Mucorinee gebildet, welche ich nichts
desto weniger für specifisch verschieden halte. Sie ist in Fig. 20
(Tafel II) abgebildet. Es sind durchscheinende Zellen, in denen
der Zellkern selten sichtbar ist, die sich durch Sprossung vermehren. Der Durchmesser der Zellen schwankt zwischen 0,0045
und 0,0065 Millimeter, ist also merklich kleiner als derjenige
der Kügelchen der Bierhefe.

Was den auf dem Grund und auf den Wänden eines der
Luft ausgesetzten Gefässes mit Urin entstehenden Niederschlag
anbetrifft, so umschliesst er, ausser den von der Oberfläche herab-
gesunkenen Bildungen Krystalle von wechselnder Beschaffenheit.
Worauf ich aber besonders aufmerksam machen möchte, ist das
jedesmalige Vorhandensein einer Torulacee in Perlschnüren aus
kleinen Körnern Fig. 21, Tafel II), wenn durch die Umbildung
des Harnstoffs die Flüssigkeit ammoniakalisch geworden ist.
[52 Ich bin sehr geneigt zu glauben, dass dies Gebilde ein organisirtes Ferment darstellt. und dass eine Umbildung des Harnstoffs in kohlensaures Ammoniak ohne die Gegenwart und die Entwicklung dieses kleinen Gewächses niemals vorkommt. Da meine
Versuche über diesen Punkt indessen noch nicht abgeschlossen
sind. so muss ich mir in meiner Ansicht einige Zurückhaltung
auferlegen. Was ich für alle Fälle behaupten kann, ist die Un-
genauigkeit einer Thatsache, welche oft in den Discussionen, zu
denen die auf den Ursprung der Gährungen bezüglichen Theorien die Veranlassung gaben. citirt worden ist. Diese wohl
bekannte Thatsache besteht in der Zersetzung des Harnstoffs
unter dem Einfluss der alkoholischen Gährung des Zuckers.
Jedesmal, wenn ich den Versuch gelingen sah, erwies sich die
Bierhefe als mit der rosenkranzförmigen Torulacee, von der ich

soeben gesprochen habe, vermischt; und wenn die Bierhefe
gleichartig blieb, ohne Mischung mit irgend einem anderen besonderen Gebilde, hat der Harnstoff keine Veränderung erfahren.
Die vorstehende Thatsache steht also, nachdem sie besser studirt ist, mit den neuen Ideen, welche ich in den letzten Jahren
über den Ursprung der eigentlichen Gährungen mittheilte. in
Einklang.

Wir haben soeben die gewöhnlichsten Bildungen des der
Berührung mit Luft ausgesetzten Urins kennen gelernt, welche
sich in demselben gleichzeitig oder getrennt zeigen. Prüfen wir
jetzt, was sich ereignet, wenn der Urin der Einwirkung geglühter Luft unterworfen wird. Hierfür verwenden wir wieder
den Apparat aus der Fig. 10.

Frischer filtrirter Urin wird zwei bis drei Minuten lang in
dem Ballon gekocht, welcher mit der zur Rothgluth erhitzten
Platinröhre in Verbindung steht. Dann hört man mit dem
Kochen auf, so dass der erkaltete Ballon mit geglühter Luft von
gewöhnlichem Luftdruck und gewöhnlicher Temperatur erfüllt
ist; hierauf schliesst man ihn vor der Lampe an dem Grunde
des ausgezogenen Theiles seines Halses. Alsdann stellt man den
Ballon, wie es in Fig. 11 abgebildet ist, in den Wärmschrank.
bei einer Temperatur von 25 bis 30°, einer Temperatur, welche
für die Fäulniss des Urins so günstig ist. [53] Dort kann er sich
unendlich lange aufhalten, ohne andere Veränderung als eine
langsame Oxydation der Eiweissstoffe des Urins zu erfahren;
wenigstens wird die Farbe des Urins mit der Zeit etwas dunkler,
und die Analyse der Luft im Ballon zeigt einen Sauerstoffverlust
und einen Kohlensäuregewinn an.

Am 14. April 1860 analysirte ich die Luft eines in der angegebenen Weise hergerichteten Ballons, der sich seit dem
13. Februar desselben Jahres im Wärmschrank befand. Die
Luft enthielt damals:

Stickstoff aus der Differenz . . .	76,8
Sauerstoff	19,3
Kohlensäure	3,9
	100,0

Aber die Klarheit des Urins bleibt vollkommen, selbst nach
18 Monaten, und es erscheint in ihm nicht das geringste thierische oder pflanzliche Gebilde; er bewahrt gleichfalls seine
Acidität und seinen ursprünglichen Geruch.

Der Urin, welcher auf Kochtemperatur gebracht worden

war. erfährt demnach keine Fäulniss oder Gährung bei Gegenwart geglühter Luft [*]).

Wir wollen jetzt sehen, was mit dieser Flüssigkeit passirt, wenn alle die vorstehenden Bedingungen erfüllt sind, und wenn man in sie in der Luft suspendirten Staub hineinbringt.

54 Am 16. März 1860 brachte ich in einen Urin und geglühte Luft enthaltenden Ballon einen kleinen Asbestpfropfen, welcher einige Stunden lang einem Strom gewöhnlicher Luft ausgesetzt gewesen war.

[*] Es dürfte jedoch nicht unnöthig sein, hier noch darauf hinzuweisen, dass dieser Versuch, wenn er mit Hülfe der Quecksilberwanne ausgeführt wird, positive Ergebnisse liefert, ohne dass man scheinbar irgend etwas hineinbringt, das Keime enthalten könnte. Man nehme z. B. den Ballon aus Fig. 11, breche auf dem Boden der Quecksilberwanne seine Spitze ab, lasse dann etwas Gas austreten, damit das Quecksilber in den Ballon eintreten kann, so wird es wenigstens in neun von zehn Malen wenn nicht immer passiren, dass Schimmelpflanzen oder kleine Infusorien in der Flüssigkeit auftreten. Es ist das Quecksilber, welches die Keime herbeiführt.

Ich werde nur über ein Experiment dieser Art berichten.

Der Ballon, von dem im Texte die Rede war, ist am 14. April in den Wärmschrank zurückgestellt worden, nachdem vorher in der Quecksilberwanne das zur Analyse erforderliche Luftvolumen herausgenommen worden war. Dieser Ballon war in einem Fussglase auf Quecksilber umgestürzt worden. Nun ereignete sich Folgendes: am 16. April waren auf dem Grunde des Urins an der Grenzfläche zwischen Urin und Quecksilber ein Dutzend kleiner Mycelbüschel vorhanden. Die Flüssigkeit bewahrte vollkommene Klarheit, ein Beweis für die vollständige Abwesenheit der Infusorien. Am 21. April sind mehrere der kleinen Büschel, welche durch Aneinanderreihen mit einander vereinigt waren, so gewachsen, dass sie die Oberfläche des Urins erreicht haben, und dass ihre Schläuche sich demnach mit Luft in Berührung finden. Die Flüssigkeit ist immer vollkommen klar. Seit dem 21. April Abends ist an der Oberfläche der Flüssigkeit ein Inselchen mit sichtbaren Sporangien von grüner Farbe, das vollkommen an Penicillinm glaucum erinnert, entstanden.

Einige Tage später nahm die Mucedinee mehr als die Hälfte von der Oberfläche der Flüssigkeit ein. Alsdann analysirte ich von neuem das Gas des Ballons. Es enthielt:

Kohlensäure	19,5
Stickstoff aus der Differenz	80,5
Sauerstoff	0,0
	100,0 .

Beiläufig wollen wir bemerken, dass nach dieser Analyse eine Mucedinee durch ihre Vegetation die Luft eines abgeschlossenen Ballons bis auf die allergeringsten Mengen Sauerstoff erschöpft.

Die Einführung des Staubes wurde durch Befolgung der Methode aus Fig. 12 mit allen schon im vorausgehenden Kapitel angegebenen Vorsichtsmaassregeln bewerkstelligt.

Am 17. März ist weder eine Trübung, noch Schimmel, noch eine Torulacee vorhanden. Keine Krystalle sind niedergeschlagen.

Am 18. scheinbar kein Schimmel weder in der Röhre noch anderswo, die Flüssigkeit ist jedoch trübe, wie es immer der Fall ist, wenn sich Infusorien entwickeln. Demnach ist die Bewegung dieser kleinen Thiere selbst, worauf ich hingewiesen habe, die Ursache der Trübung der Flüssigkeit. Sobald sie durch Mangel an Luft zu Grunde gehen, sammeln sie sich auf dem Grund des Gefässes an, gleich einem Niederschlage, und die Flüssigkeit klärt sich.

Am 19. März ist die Trübung noch vorhanden, aber es hat sich schon ein sehr beträchtlicher weisser, ein wenig klebriger Niederschlag auf dem Boden des Ballons gebildet.

[55] Am 20. und 21. März der nämliche Zustand.

Am 21. Abends sind viele kleine Krystalle an der Oberfläche der Flüssigkeit abgeschieden worden und kleiden alle Wände des Ballons aus. Dieser Absatz von Krystallen zeigt an, dass die Flüssigkeit ammoniakalisch geworden sein muss, und dass sie sich nach einer der gewöhnlichen Fäulnissarten des Urins in Berührung mit gewöhnlicher Luft verändert hat.

Am 23. März öffne ich den Ballon unter Quecksilber. Es ist kein Druck vorhanden, welcher ankündigt, dass Gasentwicklung stattgefunden hatte. Die Flüssigkeit ist bei Anwendung von rothem Lackmuspapier sehr deutlich alkalisch, indessen weist die alkalische Reaction ebenso wie die mit Salzsäure darauf hin, dass sich noch nicht viel kohlensaures Ammoniak gebildet hat. Die mikroskopische Prüfung zeigt die Bildung von drei Arten Krystalle, einer Menge kleiner Bacterien, von denen mehrere sehr beweglich sind, und sehr kleiner Monaden an, welche in krummen Linien ihren Platz wechseln. Unter anderem war die aus kleinen Körnern bestehende und zu kurzen Perlenschnüren vereinigte Torulacee Fig. 21 Tafel II) vorhanden. Das Ergebniss dieser mikroskopischen Prüfung ist in Fig. 22 (Tafel II) dargestellt, nur sind die Krystalle und die organisirten Gebilde getrennt abgebildet worden.

Der Durchmesser der Körner der Torulacee von der Gestalt kurzer Perlenschnüre betrug ungefähr 0,0015 Millimeter. Dies organisirte Ferment betrachte ich als das Ferment des Urins,

d. h. als dasjenige, welches die Umwandlung des Harnstoffs in
kohlensaures Ammoniak hervorruft, und welches später durch
die Alkalinität, welche sich daraus ergiebt, den Absatz der harn-
sauren Salze und der phosphorsauren Ammoniak-Magnesia
herbeiführt.

Der sich selbst überlassene und sauer gebliebene Urin setzt
wohl Krystalle ab, aber es sind Krystalle von Harnsäure. In
Fig. 23 (Tafel II) habe ich Krystalle dieser Säure gezeichnet,
welche in einem fünfzehn Tage lang bei einer Temperatur von
11° sauer gebliebenen Urin abgesetzt worden waren, an dessen
Oberfläche nur die schon in Fig. 21 dargestellte Mucorinee entstanden war.

[56] Ich könnte noch um vieles die Beispiele von der Veränderung des Urins bei Gegenwart von geglühter Luft unter
dem Einfluss des in der gewöhnlichen Luft vorhandenen Staubes
vermehren, doch würde das von wenig Nutzen sein*): Bacterien, Monaden, Mucedineen, verschiedene Torulaceen, alles das
beobachtet man immer in ihm. Die Mucedineen sind indessen
im Allgemeinen weniger häufig als in den Versuchen mit zucker-
und eiweisshaltigem Wasser. Besonders beachten muss man,
dass der gewöhnlicher Luft ausgesetzte Urin keine grössere
Mannigfaltigkeit an Gebilden aufweist als derjenige Urin, welcher
der Einwirkung geglühter Luft und des in der atmosphärischen
Luft suspendirten Staubes unterworfen war. Der Unterschied,
wenn er überhaupt vorkommt, fällt vielmehr zu Gunsten der
zweiten Versuchsmethode aus.

*) Ich erwähne indessen noch ein Experiment, welches unter
denjenigen ausgewählt wurde, die an erster Stelle vor jeglicher Bildung von Infusorien Mucedineen lieferten.

Am 2. Mai 1860 bringe ich in einen Ballon, der mit Hülfe der in
Fig. 12 angegebenen Methode aufbewahrt worden war, ein sehr
kleines Stück eines mit Staub der Luft beladenen Baumwollpfropfes.

Am 4. Mai 8 Uhr schwimmt ein Mycelbüschel mit sehr schlaffen
Fäden in der Flüssigkeit, welche ihre volle Klarheit bewahrt
hat. Am nämlichen Tage um 7 Uhr Abends erscheinen auf den
Wänden des Bodens des Ballons drei Streifen von undurchsichtigem
Weiss.

Am 5. Mai dauert die Entwicklung der Gebilde vom vorhergehenden Abend an. Die Flüssigkeit ist andauernd von vollkommener
Klarheit. Am 6. und 7. Mai der nämliche Zustand. Vom 7. bis 8.
trübt sich die Flüssigkeit gleichmässig durch das Erscheinen kleiner
Bakterien, und der Schimmel bleibt von diesem Augenblick an durch
den Entzug des Sauerstoffs stationär. Am 9. und an den folgenden
Tagen fangen Krystalle an, sich auf den Wänden des Ballons nieder-
zuschlagen.

Demnach schliessen wir, dass es jedesmal, wenn sich der Urin bei Berührung mit gewöhnlicher Luft verändert, durch die Thätigkeit des festen Staubes, welchen die Luft herbeiführt, und welcher in die Flüssigkeit fällt, geschieht.

Aus den Einzelheiten der von mir bisher berichteten Versuche können wir schon bemerken, wie häufig die Bildung der kleinsten Infusorien und besonders des Bacterium termo ist, das sich in allen Arten Aufgüssen zeigt, und das fast immer vor den anderen Infusorien erscheint. [57] Dies Infusorium ist so klein, dass man seinen Keim nicht unterscheiden und noch weniger die Anwesenheit dieses Keims, wenn er bekannt wäre, unter den organisirten Körperchen des in der Luft suspendirten Staubes angeben könnte. Aber wie, sollte er nicht in der Luft vorhanden sein, er, der überall im Ueberfluss vorhanden ist? Ich verlange keine anderen Beweise, als diejenigen, welche man aus der mikroskopischen Prüfung einer Menge in Fäulniss begriffener Substanzen ableiten kann. Man rufe sich gleichfalls die Beobachtungen *Leewenhoeck's* über die Infusorien aus der weissen Masse in's Gedächtniss zurück, die sich zwischen den Zähnen anhäuft und die in niemands Munde fehlt, welche Sorgfalt man auch walten lässt, um seine Zähne in einem möglichst vollkommenen Zustand der Reinheit zu erhalten. Die Bacterien wimmeln in dem kleinsten Stückchen dieser Substanz umher. Man findet sie in grosser Menge im Verdauungscanal und in den Excrementen wieder *).

---

*) *Pouchet* hat oft in der Form eines Einwandes gegen die Ideen, welche ich in dieser Abhandlung vertheidige, daran erinnert, dass in den geschlossenen Gefässen immer die kleinsten Infusorien entstehen. Dies ist wahr, und diese Bemerkung verdiente eine ernste Prüfung, wenn es bewiesen wäre, dass die nämliche Flüssigkeit in Berührung mit gewöhnlicher Luft grosse Infusorien, während sie in einem Ballon bei Gegenwart von geglühter Luft nur sehr kleine liefert. Aber das ist nicht der Fall. Und wenn *Pouchet* eine Flüssigkeit kennen sollte, welche, nachdem sie der Kochtemperatur von 100 Grad unterworfen gewesen war, nach mindestens zwei oder drei Tagen grosse Infusorien erzeugt, wenn sie der freien Luft ausgesetzt wird, so behaupte ich, dass ich die nämlichen grossen Infusorien unter Anwendung von Ballons bei Berührung mit geglühter Luft und durch den blossen Einfluss des in der Luft suspendirten Staubes hervorbringen könnte. Wenn dahingegen diese Flüssigkeit grosse Infusorien nur nach ziemlich langer Zeit, und nachdem ein Wechsel von mehreren Generationen kleiner Infusorien in der Flüssigkeit stattgefunden hat, giebt, so hängt die Schwierigkeit, die grossen in einem beschränkten Luftvolumen hervorzurufen, lediglich von der Luft ab, welche durch die Entwicklung der ersten und sehr kleinen

[58] § II. Milch. — Zucker- und eiweisshaltiges
Wasser mit kohlensaurem Kalk.

Das Studium der Milch und einiger anderer Flüssigkeiten
bietet uns Ergebnisse dar, welche zuerst besonders misslich
erscheinen. Als es sich in den vorhergehenden Kapiteln um
zuckerhaltiges Hefewasser und Urin handelte, erkannten wir,
dass diese Flüssigkeiten, wenn sie zwei bis drei Minuten lang bei
der Kochtemperatur von 100° gehalten und dann der Berührung
mit Luft ausgesetzt werden, welche rothglühend gemacht worden
war, keine Veränderung erleiden. Wenn der Versuch, wie ich
beschrieben habe, ausgeführt wird, indem man sich des Apparates aus Fig. 10 bedient, so versagt er nie.

Setzt man dies voraus, so kann man sicher sein, dass die
Milch, wenn man das nämliche Experiment mit gewöhnlicher
Milch wiederholt, beständig gerinnt und fault.

Am 10. April 1860 richte ich einen Ballon Milch mit dem
Apparat aus Fig. 10 her. Das Kochen dauerte von dem Augenblick an, wo der Wasserdampf den ausgezogenen Theil des
Halses schon zu weit erhitzt hatte, als dass man die Hand daran
halten konnte, zwei Minuten. Nach dem Erkalten der Flüssigkeit schliesst man vor der Lampe den Hals des Ballons wie gewöhnlich und stellt den letzteren in den Wärmschrank bei der
Temperatur von 25 bis 30°.

Am 17. April ist die Milch dieses Ballons geronnen. Kein
Anzeichen einer Gasentwicklung. Ich öffne den Hals durch einen
Feilstrich. Schwacher Geruch nach geronnener Milch. Die
Molken sind ebenso alkalisch, wie die frische Milch. Bei der

Infusorien verändert wird, und welche durch den Verlust ihres Sauerstoffes das Auskriechen der Keime der grossen Infusorien nicht mehr
veranlassen kann. Aber diese Schwierigkeit wird in diesem Falle
leicht gehoben werden, wenn man es so einrichtet, dass man die geglühte Luft in dem Ballon erneuert.

Verfuhr ich, wie gesagt, so habe ich keine grossen Infusorien in
zucker- und eiweisshaltigem Wasser oder im Urin, nach vorherigem
Kochen, entstehen sehen. Ich habe weder Kolpoden, noch Vorticellen,
noch Paramecien wahrgenommen. Aber ich habe diese Infusorien
auch nicht in den nämlichen Flüssigkeiten bemerkt, wenn sie der
freien Berührung mit Luft ausgesetzt waren, und es ist gerecht, dass
man mich nicht auffordert, in meinen Versuchen Infusorien erscheinen
zu lassen von ganz anderer Natur als diejenigen, welche man in den
Versuchen mit frischer Luft unter sonst ganz gleichen Umständen
bemerkt.

Prüfung unter dem Mikroskop finde ich sie mit Vibrionen einer Species, aber von sehr verschiedener Länge erfüllt. Sie besitzen eine langsame und gewundene Bewegung; [59] weder B a c t e - r i u m t e r m o noch irgend ein anderes thierisches oder pflanz-liches Gebilde kommt vor. Es ist demnach nicht zweifelhaft, dass die Milch unter dem Einfluss des Lebens dieser Vibrionen geronnen ist, vielleicht thatsächlich durch die Bildung einer dem Lab analogen Flüssigkeit. Eine Menge dieser Vibrionen hatte eine Länge bis zu 0,05 Millimeter, die kleinsten eine solche von 0,004 Millimeter. Viele waren bewegungslos.

Die Analyse der Luft aus dem Ballon ergab:

Sauerstoff	0,8
Kohlensäure	17,2
Wasserstoff	0,2
Stickstoff aus der Differenz	81,8
	100,0

Aus dieser Analyse ergiebt sich, dass der Sauerstoff zum grossen Theil verschwunden und durch Kohlensäure ersetzt worden war, ohne Zweifel unter dem Einfluss der Athmung der Vibrionen. Die Thatsache des Vorhandenseins der noch leben-den Vibrionen bei der Oeffnung des Ballons, obgleich nicht $\frac{1}{100}$ Sauerstoff vorhanden war, zeigt, dass das Leben dieser kleinen Wesen so lange andauert, als Sauerstoff vorhanden ist, selbst dann, wenn das Verhältniss der Kohlensäure beträchtlich ist. Gleiches konnten wir bereits für die Mucedineen auf S. 46 [54] feststellen.

Wenngleich die Milch dieses Ballons sieben Tage zum Ge-rinnen gestanden hat, vom 10. bis 17. April, so darf man daraus nicht schliessen, dass diese Erscheinung erst nach sieben Tagen merkbar ist. Würde man den Ballon den 12. oder 13. April geöffnet haben, so würde man bereits die Gegenwart der Infu-sorien und einen sehr schwachen Anfang der Coagulation wahr-genommen haben.

Die Gerinnung giebt sich im Allgemeinen innerhalb drei bis zehn Tagen zu erkennen; in einem Falle sah ich sie sich jedoch erst nach einem Aufenthalte des Ballons von einem Monate im Wärmschrank, vom 11. März bis 16. April, bemerkbar machen. Dies zeigt mir an, dass die Infusorien sich schwierig und langsam vermehrt haben.

[60] Die Versuche, von denen wir soeben gesprochen haben, lieferten mir immer analoge Resultate. Die bei 100° gekochte

und der Berührung mit geglühter Luft überlassene Milch erfüllt
sich nach einigen Tagen mit kleinen Infusorien, am häufigsten
mit einer Varietät der Vibrio lineola Fig. 24 (Tafel II)
und mit Bacterien, und gerinnt, indem sie ihre Alkalinität
bewahrt.

Ich habe niemals in der so behandelten Milch etwas anderes
als Vibrionen und Bacterien entstehen sehen, keine Mucedineen,
keine Torulaceen, kein pflanzliches Ferment. Unzweifelhaft
hängt dies davon ab, dass die Keime dieser letzteren Gebilde
im Wasser bei 100° nicht bestehen können, was ich überdies
durch directe Experimente feststellte. Und ebenso erkennen
wir, dass, wenn die Milch unter den vorstehenden Umständen
fault, es deshalb geschieht, weil die Keime der Infusorien, von
denen wir soeben gesprochen haben, der Temperatur von 100°
in feuchtem Zustande widerstehen, wenn die Flüssigkeit, in
welcher sie erhitzt werden, sich gewisser Eigenschaften erfreut.

Was die Gerinnung der Milch anlangt, so sehen wir aus
diesen Versuchen, dass die der Berührung mit Luft überlassene
Milch in Folge von zwei sehr verschiedenen Einflüssen gerinnt.
Sie kann in Folge der Wirkung der Infusorienentwicklung ge-
rinnen, eine Erscheinung, welche wahrscheinlich in den Fällen
der Gerinnung der Milch durch Lab eintritt. Es ist Grund vorhanden. nachzuforschen, ob in Folge des Lebens der Infusorien
eine Flüssigkeit entsteht, die derjenigen des natürlichen oder
künstlichen Labs, welches ohne Säure die Gerinnung hervor-
rufen kann, entspricht. Andererseits kommt eine Gerinnung der
Milch unter dem Einfluss der Milchsäure vor. Wenn die frische
nicht gekochte Milch der Berührung mit Luft ausgesetzt ist, ist
die Gerinnung am häufigsten dieser zweiten Ursache zuzuschreiben. Was die Säure selbst anbelangt, so ist ihre Bildung
durch die Entwicklung vegetabilischer Fermente, besonders des
Milchsäurefermentes, veranlasst, welche den Milchzucker in
Milchsäure oder in andere Säuren verwandeln, Fermente, welche
nicht entstehen können, wenn die Milch gekocht und der geglühten Luft ausgesetzt worden war, weil ihre Keime bei 100°
nicht widerstandsfähig sind.

[61] Ich sagte, dass die Fäulniss der Milch, welche auf 100°
erhitzt und der geglühten Luft ausgesetzt worden war, dem Umstande zuzuschreiben ist, dass die Keime der Vibrionen in gewissen Fällen der Temperatur von 100° widerstanden. Davon
kann man sich leicht überzeugen. Nehmen wir in der That wieder
den Apparat aus Fig. 10 (Tafel I) vor und lassen wir die Milch

bei einer wenig höheren Temperatur als 100°, höchstens bei 110°
kochen, indem man an das linke Ende der Platinröhre das Glasrohr aus Fig. 10 *bis* befestigt, das 40 bis 50 Centimeter in
das Quecksilber der in dieser Figur dargestellten Cuvette
taucht. Wir lösen diese Glasröhre los, wenn das Kochen
der Milch bloss ein oder zwei Minuten gedauert hat; dann
schliessen wir vor der Lampe den Hals des Ballons, wie wir es
immer gemacht haben. Die so hergerichteten Ballons konnten
alsdann unbegrenzt lange im Wärmschrank stehen, ohne zur
geringsten Bildung von Schimmel oder Infusorien Veranlassung
zu geben.

Die Milch bewahrt ihren Geschmack, ihren Geruch und alle
ihre Eigenschaften. Ueberraschend ist, dass ihre Fetttheile sich
nicht schneller bei Gegenwart eines so beträchtlichen Luftvolumens oxydiren. Diese Oxydation kommt indessen vor, ist
jedoch sehr schwach. Folgendes ist die Analyse der Luft eines
Ballons, welcher vierzig Tage im Wärmschrank zubrachte

Sauerstoff	18,37
Kohlensäure	0,16
Stickstoff aus der Differenz . .	81,47
	100,00

Unter der Einwirkung dieser unmittelbaren Oxydation gerinnt der Rahm ein wenig und theilt der Milch einen leichten
Geschmack nach Talg mit.

Demnach ist die Fäulniss der bei 100° gekochten und der
geglühten Luft ausgesetzten Milch nur ein Zufall, welcher dadurch hervorgerufen wurde, dass die Kochtemperatur nicht hoch
genug gewesen war. [62] Es genügt, das Kochen bei 100 und
einigen Graden auszuführen, oder selbst es bei 100° längere Zeit
fortzusetzen, damit die Ergebnisse dieselbe Klarheit und Genauigkeit haben wie diejenigen, welche wir bereits erhielten,
als wir mit zuckerhaltigem Hefewasser und Urin operirten.

Aber wie kommt es, wird man vielleicht sagen, dass zuckerhaltiges Hefewasser nur einer Abkochung bei 100° unterzogen
werden muss, damit man niemals bei Berührung mit geglühter
Luft Vibrionen erscheinen sieht? Wir erkennen, dass diese Erscheinung wahrscheinlich dem Umstande zuzuschreiben ist, dass
die Flüssigkeiten sehr schwach sauer sind, während die Milch
alkalisch ist. In der That habe ich beobachtet, dass man Vibrionen
mit Hülfe von zuckerhaltigem Hefewasser bei Berührung mit

geglühter Luft hervorbringen kann. Es genügt, die Flüssigkeit
bei 100° bei Gegenwart von ein wenig kohlensaurem Kalk kochen
zu lassen, der die Flüssigkeit neutral oder schwach alkalisch
macht.

Den 21. März 1860 richtete ich mit Hülfe von Apparat
Fig. 10 6 Ballons her, von denen jeder einschliesst:

10 g Zucker,
100 ccm Wasser der Bierhefe (0,5 feste Bestandtheile),
1 g kohlensauren Kalk.

Nachdem sie mit geglühter Luft gefüllt sind, schliesse
ich sie vor der Glasbläserlampe und stelle sie in den Wärmschrank.

Am 25. März ist die Flüssigkeit dieser Ballons trübe, und
alles deutet darauf hin, dass sie Infusorien enthalten. Bei dreien
von ihnen begann die Trübung bereits am 23. März.

Ich öffne einen dieser Ballons am 25. März und finde in der
That die Flüssigkeit mit sehr kleinen Vibrionen erfüllt, von
denen mehrere sich merklich bewegen, obgleich mit grosser
Langsamkeit; sie sind wie krank. Am 5. April zeigen die vier
Ballons, welche nicht geöffnet worden waren, an ihrer Oberfläche einen gallertartigen, dichten und körnigen Mucor von
röthlicher Farbe. Unter dem Mikroskop betrachtet, besteht er
aus einem Haufen von Körnern von ausserordentlicher Zartheit.
[63] Auf dem Boden der Flüssigkeit befindet sich ein Absatz von
Leichen kleiner Vibrionen. Ich glaube, dass dieser Mucor eine
Kryptogamenart ist, die von der Bildung der Vibrionen unabhängig ist, und dass folglich der Keim dieses besonderen Mucor
ebenso wie der Keim der Vibrionen unter diesen besonderen
Umständen der Temperatur von 100° während zwei bis drei
Minuten widerstanden hat.

Wenn wir nun dieselben Versuche wiederholen, indem wir
die Flüssigkeit nur bei 105° kochen liessen, wie wir sofort für
die Milch gethan hatten, so wird man in keinem Falle die geringste Trübung noch irgend eine Mucorinee auftreten sehen.
Demnach ist es nicht zweifelhaft, dass die Milch sich bei Gegenwart von geglühter Luft verändert, wenn sie bei 100° gekocht
wird, weil sie leicht alkalisch ist, da ein kleiner Zusatz
von Kreide zu dem zuckerhaltigen Hefewasser genügt, um
ihm die nämlichen Eigenschaften mitzutheilen, Eigenschaften,
welche es niemals besitzt, wenn es ohne Zusatz von Kreide
gekocht wird.

Aber setzen wir diese Studien fort und sehen wir, was sich bei Gegenwart von geglühter Luft ereignet, wenn man den Staub der Luft in die durch das Kochen bei 100 und einigen Graden intact gebliebene Milch aussäet.

Am 7. April 1860 bringe ich in einen Ballon, dessen Milch bei 108° gekocht worden und zwei Monate unverändert geblieben war, einen Theil eines Asbestpfropfens, der mit in der Luft suspendirtem Staube beladen war.

Am 9. und 10. April erscheint die Milch unversehrt. Aber schon am 1°. April Abends umschliesst die Rahmschicht der Oberfläche Gasblasen. Ich schüttle um, um sie zu entfernen, zwei Stunden später sind schon neue Blasen wieder gebildet worden. Am 11. fährt die Gährung fort, sich durch Gasblasen zu erkennen zu geben, aber die Milch ist nicht geronnen. Am 12. derselbe Zustand wie am vorhergehenden Tage.

Am 15. April erscheint die Milch, ohne geronnen zu sein, geklärt. Ich öffne den Ballon in der Quecksilberwanne, um seinen Inhalt zu untersuchen. Eine beträchtliche Menge Gas tritt mit Gewalt aus dem Ballon aus; es ist folglich gewiss, dass Gährung stattgefunden hatte. 64] Indessen ist die Flüssigkeit nicht sauer; selbst noch bei rothem Lackmuspapier bleibt ein Verdacht der Alkalinität. Ihr Geruch ist schwach, wenngleich wahrnehmbar und ganz eigenthümlich; es ist der Geruch nach saurer Milch oder genauer der Geruch kleiner Säuglinge, wenn sie schlecht gepflegt werden. Der Geschmack der Milch ist anfänglich süss. dann macht er bald einem anderen sehr unangenehmen Geschmacke Platz, der etwas Bitteres und Gepfeffertes hat. Während einiger Augenblicke dem Wasserbade ausgesetzt, gerinnt die Milch, indem sie ganz undurchsichtige Molken liefert. Unter dem Mikroskop erblickt man zwischen den Butterkügelchen eine Menge kleiner oft in der Mitte eingeschnürter Körperchen; das ist die längliche Varietät von Bacterium termo, welches unter anderem mit Vibrio lineola von geringer Grösse gemischt war. Alle sind bewegungslos. Andererseits sieht man eine Menge Körperchen von fast doppeltem Durchmesser, welche durch eine Art kugeligen Kopfes an dem einen Ende charakterisirt sind. Ihre Zahl ist wenigstens gleich derjenigen der Bacterien und der Vibrionen. Gleich diesen sind sie scheinbar bewegungslos.

Folgendes ist die Analyse des Gases:

Sauerstoff	2,3
Kohlensäure	28,6
Wasserstoff	11,0
Stickstoff aus der Differenz . .	58,1
	100,0 .

Ich habe dies Experiment zu verschiedenen Malen mit Milch
oder mit zuckerhaltigem Hefewasser wiederholt, dem kohlensaurer Kalk beigemischt war; es hat immer analoge Ergebnisse
geliefert, d. h. es ist mir niemals passirt, dass ich den Staub der
Luft in Flüssigkeiten ausgesäet hätte, welche durch das oben
angegebene Mittel unversehrt geblieben waren, ohne dass ich
nicht nach wenigen Tagen theils verschiedene Mucor oder Mucedineen, theils Infusorien auftreten gesehen hätte. Daraus ergiebt sich, dass, wenn die bei 100 und einigen Graden gekochte
Milch bei Berührung mit geglühter Luft sich weder verändert
noch gerinnt, [65] dies nicht in einem Verlust der Fähigkeit dazu
seinen Grund hat, da es genügt, in dieselbe aus gewöhnlicher
Luft gesammelten Staub hineinzubringen, um in ihr organisirte
Gebilde derselben Art entstehen zu sehen, wie sie frische Milch
nach einigen Tagen aufweist, wenn man sie gewöhnlicher Luft
aussetzt. Wenn sie fault und bei Berührung mit geglühter Luft
Infusorien darbietet, falls sie nur bei 100° gekocht worden war,
so ist es folglich klar, dass die Keime dieser Infusorien einer
Temperatur von 100° während einiger Minuten widerstehen.
Das folgende Experiment wird vollends einen directen Beweis
dafür liefern.

    Ein Ballon mit Milch ist seit zwei Monaten bei Gegenwart
von geglühter Luft unversehrt geblieben. Ich bringe Staub der
Luft in denselben hinein, indem ich die in Fig. 12 angegebene
und in Kapitel IV beschriebene Methode befolge. Ich schliesse
sofort den Ballon vor der Lampe und stelle ihn vollständig in
einen mit in lebhaftem Kochen befindlichem Wasser gefüllten
Kessel. Dort liess ich ihn fünf Minuten, darauf nahm ich ihn
heraus, um ihn in den Wärmschrank zu stellen: das geschah
am 24. Juli 1860. Am 30. Juli beginnt die Milch, sichtlich zu
gerinnen, und ist am 31. vollständig geronnen. Darauf öffne
ich den Ballon, um die Flüssigkeit unter dem Mikroskop zu
prüfen; ich entdecke darin eine Menge Bacterien und sehr be-
weglicher Vibrionen. Wie die Probe mit rothem Lackmuspapier
ergiebt, haben die Molken ihre frühere Alkalinität vollständig
bewahrt.

Ich würde gerne untersucht haben, welches der wahre Ursprung der Keime der Vibrionen ist, die in bei 100° gekochter und darauf geglühter Luft ausgesetzter Milch erscheinen. Sind diese Keime in der natürlichen Milch vorhanden? Es ist nicht unmöglich. Indessen bin ich mehr geneigt zu glauben, dass sie einfach dem Staub angehören, welcher während und nach dem Melken in die Milch fällt oder welcher sich stets in dem zur Aufnahme der Milch benutzten Gefässe vorfindet. Ich stiess auf Schwierigkeiten, welche ich noch nicht überwunden habe, als ich in meine Ballons bei Gegenwart von geglühter Luft natürliche Milch einlassen wollte, die mit gewöhnlicher Luft keine Berührung gehabt hatte. Besser konnte ich das Experiment mit Urin ausführen, und ich nahm wahr, dass diese Flüssigkeit bei Berührung mit geglühter Luft vollständig unverändert blieb, [66] obgleich sie keine Erhöhung der Temperatur erlitten hatte. Nichtsdestoweniger habe ich mir vorgenommen, diese Versuche zu wiederholen und mit ganz besonderer Sorgfalt zu verfolgen. Jedermann wird ihre hohe Bedeutung einsehen.

Kapitel VI.

Eine andere sehr einfache Methode, um zu zeigen, dass alle organisirten Gebilde der Aufgüsse, welche vorher erhitzt wurden, ihr Entstehen den Körperchen verdanken, welche in der atmosphärischen Luft suspendirt sind.

Ich glaube, in den vorhergehenden Kapiteln strenge gezeigt zu haben, dass alle organisirten Gebilde der Aufgüsse, welche vorher erhitzt wurden, nur aus den festen Theilchen stammen, welche die Luft stets mit sich führt und auf allen Gegenständen beständig absetzt. Wenn in dieser Hinsicht im Geiste des Lesers noch der geringste Zweifel bleiben könnte, so würde derselbe durch die Versuche, von denen ich im Begriffe bin zu sprechen, gehoben werden.

Ich bringe in einen Glasballon eine der folgenden Flüssigkeiten, welche bei Berührung mit gewöhnlicher Luft alle sehr veränderlich sind: Wasser der Bierhefe, zuckerhaltiges Wasser der Bierhefe, Urin, Rübensaft und Pfefferwasser; dann ziehe ich vor der Lampe den Hals des Ballons aus, um ihm verschiedene Krümmungen zu geben, wie die Figuren 25, Tafel I, zeigen. Darauf koche ich ihn ohne weitere Vorsichtsmaassregel während einiger Minuten, bis der Wasserdampf aus dem Ende des ausgezogenen und offen gebliebenen Halses reichlich ausströmt. Dann lasse ich den Ballon erkalten. Sonderbarer Weise bleibt, zum Erstaunen für jeden, welcher an die Empfindlichkeit der auf die Urzeugung bezüglichen Experimente gewöhnt ist, die Flüssigkeit dieses Ballons unendlich lange unverändert. Man kann ihn ohne irgend welche Furcht anfassen, ihn von einem Ort zum andern tragen, ihn alle Schwankungen der Temperatur der Jahreszeiten erleiden lassen; [67] seine Flüssigkeit erfährt nicht die geringste Veränderung und bewahrt ihren Geschmack und Geruch; es ist eine ausgezeichnete Conserve. Sie erleidet in ihrer Beschaffenheit keine andere Veränderung als diejenige, welche in gewissen Fällen eine directe rein chemische Oxydation des Stoffes herbeiführt. Aus den Analysen, welche ich in dieser Abhandlung mitgetheilt habe, sahen wir jedoch, wie beschränkt jedesmal diese Wirkung des Sauerstoffs ist, wenn in den Flüssigkeiten keine Entwicklung organisirter Gebilde Platz greift*).

Es scheint, dass die gewöhnliche Luft, indem sie in den ersten Augenblicken mit Gewalt eindringt, ganz roh in dem Ballon eintreffen müsste. Das ist wahr, aber sie trifft zusammen mit einer nahe der Kochtemperatur befindlichen Flüssigkeit. Der Eintritt der Luft vollzieht sich darauf mit grösserer Langsamkeit, und wenn die Flüssigkeit kalt genug geworden ist, um den Keimen ihre Lebensfähigkeit nicht mehr nehmen zu können, ist das Eindringen der Luft verlangsamt genug, sodass sie in den feuchten Krümmungen des Halses allen Staub zurücklässt, der auf den Aufguss wirken und in ihm organisirte Bildungen bedingen könnte. Wenigstens erblicke ich keine andere mögliche Erklärung für diese sonderbaren Experimente. Wenn man

---

*) In späteren Arbeiten werde ich die Wichtigkeit dieser letzten Bemerkung nachweisen. Ich werde zeigen, dass viele niedere Wesen die Fähigkeit besitzen, den Sauerstoff der Luft in beträchtlicher Menge auf zusammengesetzte organische Stoffe zu übertragen, und dass dies eins der Mittel ist, dessen sich die Natur bedient, um die Bestandtheile der organischen Stoffe, welche unter dem Einfluss des Lebens bereitet worden sind, in Wasser, Kohlensäure, Kohlenoxyd, Stickstoff, Salpetersäure und Ammoniak zu verwandeln.

Zum Beispiel kann man mit Hülfe von Mycoderma ungeheuere Mengen Alkohol oder Essigsäure zu Wasser und Kohlensäure reduciren, und durch die relativ schwache Entwicklung irgend einer Mucedinee ein gutes Pfund Zucker, Weinsäure, Citronensäure, Eiweissstoffe . . . . . verbrennen.

nach einem Aufenthalt von einem oder mehreren Monaten im
Wärmschrank den Hals des Ballons durch einen Feilstrich öffnet,
ohne im Uebrigen den Ballon zu berühren (Fig. 26, Tafel I),
so fangen die Schimmelpilze und die Infusorien an, sich nach
vier und zwanzig, sechs und dreissig oder acht und vierzig
Stunden zu zeigen, vollständig wie gewöhnlich, oder wie wenn
man den Staub der Luft nach der Methode aus Fig. 12 in den
Ballon gesäet hätte.

[68] Dieselben Versuche können mit Milch wiederholt
werden, vorausgesetzt, dass man die Vorsicht braucht, das Kochen
unter Druck bei der Temperatur 100 und einige Grade mit dem
Apparat Fig. 10 und Fig. 10 *bis* (Tafel I) auszuführen und
den Ballon sich abkühlen zu lassen, während geglühte Luft in
ihn eindringt. Dann kann man den offenen Ballon sich selbst
überlassen. Die Milch erhält sich unverändert. Ich habe so
zubereitete Milch mehrere Monate im Wärmschrank bei 25 bis
30° stehen lassen können, ohne dass sie sich ändert. Man beobachtet nur ein leichtes Dickerwerden des Rahms Dank einer
directen chemischen Oxydation.

Ich kenne nichts Beweisenderes als diese Experimente,
welche so leicht zu wiederholen sind, und welche man auf tausend
Weisen verändern kann.

Anfänglich glaubte ich, dass es unerlässlich wäre, entweder
geglühte Luft einmal während der Abkühlung der Flüssigkeit
des Ballons eindringen zu lassen, oder den Ballon beständig bei
derselben Temperatur zu halten, damit die aussen befindliche
gewöhnliche Luft sozusagen in den Ballon nur durch langsame
Diffusion gelangen kann; doch habe ich hernach erkannt, dass
alle diese Vorsichtsmaassregeln übertrieben waren. Bei Tempe-
raturwechsel macht sich die Bewegung der Luft nur im Hals mit
einiger Intensität fühlbar, und bloss dort kann ein Absatz der
Keime statthaben, welche die Luft mit sich führt. Nur durch
ein sehr stürmisches Umschütteln der Flüssigkeit erreicht man
es, in ihr Bildung von Organismen hervorzurufen. Ein anderes
Mittel, mit dem es am häufigsten gelingt, das Auftreten dieser
Bildungen zu veranlassen, besteht darin, das ausgezogene Ende
des Ballons unmittelbar nach oder besser während des Kochens
zu verschliessen. Der leere Raum entsteht darauf durch die
Condensation des Wasserdampfes. Alsdann öffnet man das ver-
schlossene Ende des abwärts gebogenen Halses, die äussere Luft
dringt mit Gewalt ein, indem sie alle ihre Staubtheile bis zur
Berührung mit der Flüssigkeit mit sich reisst. In diesem Falle

giebt sich eine Veränderung der Flüssigkeit sehr häufig nach
einigen Tagen kund.

[69] Ich muss hinzufügen, dass ich augenblicklich in meinem
Laboratorium mehrere sehr veränderliche Flüssigkeiten habe,
welche seit achtzehn Monaten in offenen Gefässen mit gebogenem
und geneigtem Halse aufbewahrt werden, namentlich mehrere
derjenigen, welche der Akademie der Wissenschaften in der
Sitzung vom 6. Februar 1S60 vorgelegt wurden, als ich die
Ehre hatte, sie mit diesen neuen Ergebnissen bekannt zu machen.

Das grosse Interesse dieser Methode liegt darin, dass sie
vollends einwandsfrei beweist, dass der Ursprung des Lebens
in den dem Kochen unterworfenen Aufgüssen ausschliesslich
den in der Luft suspendirten festen Theilchen zu verdanken ist.
Gas, verschiedene Flüssigkeiten, Electricität, Magnetismus,
Ozon, bekannte oder verborgene Dinge, schlechterdings nichts
ist in der atmosphärischen Luft vorhanden, was ausser ihren
festen Theilchen entweder die Bedingung für die Fäulniss oder
für die Gährung der von uns untersuchten Flüssigkeiten wäre.

Dr. *Schwann* und diejenigen, welche seine Experimente
wiederholt oder verändert haben, wie ich es oben mitgetheilt
habe, stellten fest, dass nicht der Sauerstoff oder wenigstens nicht
der Sauerstoff allein die Bedingung für das Leben in den Aufgüssen ist, sondern etwas, ein unbekanntes Princip, welches von
der Wärme (*Schwann*), von der Baumwolle (*Schröder* und *Dusch*)
und von energisch wirkenden chemischen Reagentien zerstört
wird (*Schultze*). Hier machte die Erfahrung halt. Diese Un-
sicherheiten und diese Bedenklichkeiten, deren Spuren wir in der
Abhandlung von *Schwann* und besonders in den Arbeiten von
Schröder antreffen, rechtfertigten theils die Hypothese von den
ausgesäeten Keimen, theils die Hypothese von dem Vorhandensein eines chemischen oder physikalischen Princips in der Luft,
einer Schlussfolgerung, bei welcher *Schröder* stehen blieb.

Bei Untersuchungen dieser Art, in denen der Geist ohne sein
Vorwissen durch das undurchdringliche Geheimniss über den
Ursprung des Lebens auf der Oberfläche des Erdballs beherrscht
wird, glaube ich nicht, dass Hypothesen vorhanden sein könnten, so seltsam sie auch sein mögen, welche keinen Glauben
fänden. Sie zu beseitigen, kann nur durch wohl untersuchte und
strenge bewiesene Thatsachen gelingen. [70] »Man muss«, wie
die Commission für den von der Akademie ausgesetzten Preis
ebenso zutreffend wie autoritativ bemerkt, »genaue und be-
weisende Versuche anstellen, welche gleichfalls in allen Be-

ziehungen zu studiren sind, mit einem Wort solche Versuche, dass aus ihnen irgend ein Resultat abgeleitet werden kann, das frei ist von jeder aus den Versuchen selbst entspringenden Verwirrung. «

Ich habe mich bemüht, diese Eigenschaft meinen Versuchen beizulegen. Wenn ich mich nicht täusche, beweist das, was ich in den vorhergehenden Kapiteln mitgetheilt habe, wirklich, was sie beanspruchen zu beweisen, und was sich in den beiden folgenden Thesen zusammenfassen lässt:

1. In der Luft sind beständig organisirte Körperchen vorhanden, welche man nicht von den wirklichen Keimen der Organismen aus den Aufgüssen unterscheiden kann.

2. Wenn man die Körperchen und die amorphen Brocken, welche ihnen beigemischt sind, in gekochte Flüssigkeiten aussäet, welche in vorher geglühter Luft unverändert bleiben würden, wenn man diese Aussaat nicht vornähme, sieht man in diesen Flüssigkeiten genau dieselben Wesen auftreten, wie sie sich bei Zutritt von frischer Luft entwickeln *).

Wird, dies vorausgesetzt, ein Anhänger der Urzeugung fortfahren, seine Anschauung sogar gegenüber dieser zwiefachen Behauptung aufrecht zu erhalten? Er kann es noch; alsdann würde aber sein Raisonnement nothwendigerweise folgendes sein, worüber ich den Leser selbst urtheilen lasse.

[71] »In der Luft sind,« wird er sagen, »feste Theilchen wie kohlensaurer Kalk, Kiesel, Russ, Fäserchen von Wolle und Baumwolle, Stärkemehl . . . . . . vorhanden, nebenbei organisirte Körperchen von vollkommener Aehnlichkeit mit den Sporen der Mucedineen oder mit den Eiern der Infusorien. Nun wohl, ich

---

*) Der Leser wird die Beflissenheit bemerken, mit welcher ich immer darauf hingewiesen habe, dass es sich in meinen Versuchen um Aufgüsse handelt, welche dem Kochen unterworfen worden waren. Ich hoffe, bald die Wirkung der geglühten Luft auf die rohen Säfte des thierischen Organismus wie Blut, Milch und Urin oder auf die rohen Säfte der Pflanzen erforschen zu können. Man weiss, dass die meisten der löslichen oder unlöslichen Substanzen, welche die Thiere und Pflanzen bereiten, gewisse besondere Eigenschaften besitzen, welche sie unter dem Einfluss einer mehr oder weniger hohen Temperatur verlieren. Greifen diese Stoffe, unter deren Zahl sich Producte von der Art des Pepsins, der Diastase befinden, nicht in die Entwicklung oder in die morphologischen Veränderungen der niederen Wesen ein? Das ist eine Frage, deren Prüfung mir nützlich erscheint, und welcher ich nächstens näher treten werde.

ziehe es vor, den Ursprung der Mucedineen und Infusorien vielmehr in die ersteren, amorphen Körperchen, als in die letzteren
hineinzuverlegen.«

Meiner Meinung nach ergiebt sich die Inconsequenz eines
solchen Raisonnements von selbst. Der ganze Fortschritt meiner
Untersuchungen besteht darin, die Anhänger von der Lehre der
heterogenen Zeugung in die Enge getrieben zu haben.

Kapitel VII.

Es ist nicht genau, dass die geringste Menge gewöhnlicher Luft genügt, um in einem Aufguss die Entstehung
von Organismen, welche diesem Aufguss eigen sind,
hervorzurufen. — Versuche mit Luft von verschiedenen
Localitäten. — Die Nachtheile bei der Benutzung der
Quecksilberwanne in den Experimenten, welche sich auf
die sogenannte Urzeugung beziehen.

Bereits in dem historischen Theil dieser Abhandlung habe
ich den Einfluss angedeutet, welchen auf den uns hier beschäftigenden Gegenstand eine berühmte Arbeit *Gay-Lussac's* bezüglich der Luft der *Appert'schen* Conserven und der Inter-
pretation, welche der berühmte Physiker aus seinen Versuchen
abgeleitet hatte, gehabt hat. Folgendes sind seine eigenen
Worte: »Man kann sich davon überzeugen, indem man die Luft
der Flaschen, in welchen die Substanzen wohl verwahrt gewesen waren, analysirt, dass sie keinen Sauerstoff mehr enthält,
und dass die Abwesenheit dieses Gases folglich eine nothwendige
Bedingung für die Erhaltung der thierischen und pflanzlichen
Stoffe ist.«

Dass die Luft der von *Gay-Lussac* untersuchten Conserven
des Sauerstoffs beraubt war, unterliegt keinem Zweifel. Niemand wird wagen, die Genauigkeit einer von *Gay-Lussac* aus-
geführten Analyse zu verdächtigen. [72] Indessen ist es heute
nicht zweifelhaft, obwohl meines Wissens nach niemand diese
Versuche *Gay-Lussac's* im Zusammenhange wiederholt hat,
dass die *Appert'schen* Conserven Sauerstoff enthalten können,
besonders wenn sie frisch bereitet sind. Aus den von mir auf
Seite 30 [36], 45 [53], 53 [61] mitgetheilten Luftanalysen ergiebt sich, dass der nach der *Schwann'schen* Methode durch die
Wärme unwirksam gemachte Sauerstoff der Luft sich direct mit

den organischen Stoffen verbindet und Kohlensäure daraus entwickelt, doch verläuft dieser Vorgang sehr langsam. Nichtsdestoweniger ist die directe Oxydation eine nicht zu leugnende Thatsache. Diese Oxydation kann bei den *Appert*'schen Conserven in dem Augenblick, wo man sie herstellt, wegen der Temperaturerhöhung viel merklicher sein. In allen Fällen wird der Sauerstoff, wenn die Herstellung etwas von ihm darin gelassen hat, nach und nach durch die Wirkung dieser directen Oxydation, von welcher ich soeben gesprochen habe, verschwinden. Ein Umstand muss viel dazu beitragen, die in den *Appert*'schen Conserven verbleibende Menge Sauerstoff sehr gering oder gleich Null zu machen: das Verhältniss der Volumina der Luft und der organischen Substanz. Sie enthalten immer wenig Luft und viel Substanz, ein sehr günstiger Umstand, damit der Vorgang der Oxydation sich vollziehe. Doch wiederhole ich, dass nichts leichter sein würde, als Conserven zu bereiten, indem man ihnen Sauerstoff lässt, und es ist Grund vorhanden zu glauben, dass sie ihn oft enthalten. *Schwann*'s Experiment lässt in dieser Hinsicht keinen Zweifel.

Das ist der Grund, warum die von *Gay-Lussac* den Resultaten seiner Analysen gegebene Auslegung, nämlich d a s s d i e A b w e s e n h e i t d e s S a u e r s t o f f s e i n e B e d i n g u n g f ü r d i e H a l t b a r k e i t i s t, durchaus irrthümlich ist. Niemand konnte zwischen der Wahrheit der von *Gay - Lussac* beobachteten Thatsachen und der Irrthümlichkeit seiner Auslegung unterscheiden. Dr. *Schwann* muss mit Recht als der Schöpfer der wirklichen Theorie des *Appert*'schen Verfahrens betrachtet werden. Die *Appert*'schen Conserven bleiben bei Gegenwart von geglühter Luft erhalten: das ist seine Entdeckung. Das Geheimniss ihrer Conservirung liegt demnach in der Zerstörung eines Principes, welches gewöhnliche Luft enthält, durch Wärme, und nicht in der Abwesenheit des Sauerstoffs*). [73] Aber eine

---

*) Obgleich die Thatsache, dass Sauerstoff gegenwärtig ist, nicht in die Erklärung des Verfahrens einzugreifen hat, so darf man daraus nicht schliessen, dass man ohne Gefahr in der Praxis viel Luft in die Conserven eindringen lassen dürfte. Denn wenn die Wärme nicht alle Keime von Infusorien und Mucedineen, welche von der Luft oder von den Substanzen mitgebracht werden, vernichtet, so könnten sich diese noch fruchtbaren Keime entwickeln, wenn Sauerstoff vorhanden ist, während sie sich, wenn dies Gas fehlt, nicht mehr entwickeln würden, als wenn sie wirklich des Lebens beraubt wären. Was jedoch, wie ich denke, am meisten zu fürchten ist und besonders in den Fällen, in welchen wenig Sauerstoff vorhanden ist, sind die Keime

Erweiterung haben die Versuche *Gay-Lussac's* aufzuweisen,
welcher *Schwann's* Entdeckung keinen Eintrag gethan hat,
welche zu bestätigen sie vielmehr gedient haben würde, eine
Erweiterung, welche die Gegner der Lehre von der Urzeugung
niemals bestritten haben, und auf welche die Anhänger dieser
Lehre mit Recht einen ihrer wichtigsten Einwände stützen,
nämlich, dass die geringste Menge gewöhnlicher Luft, welche
mit einem Aufguss in Berührung gebracht, in demselben nach
kurzer Zeit die Entstehung der Mucedineen und Infusorien,
welche diesem Aufguss gewöhnlich eigen sind, bedingt.

Diese Art und Weise zu sehen wurde stets wenigstens mittel-
bar von der Gewohnheit unterstützt, welcher die Beobachter
fröhnten — und was sie für unerlässlich hielten — in den Experimenten mit unendlicher Sorgfalt den Zutritt gewöhnlicher Luft
auszuschliessen. Wir sahen, dass sie bald empfehlen, die gewöhnliche Luft zu glühen, bald dieselbe der Einwirkung energisch
wirkender chemischer Reagentien zu unterwerfen; oft bringen
sie vorher die Luft in allen Theilen mit Wasserdampf von 100°
in Berührung (Experiment von *Spallanzani*); endlich operiren
sie zu anderen Malen mit künstlicher Luft, und wenn es unter
einer dieser verschiedenen Bedingungen passirt, dass das Experiment zur Bildung von Organismen Veranlassung giebt, [74]
so zögern sie nicht mit der Versicherung, dass der Versuchsansteller es nicht verstanden hat, den verborgenen Einfluss einer
kleinen Menge gewöhnlicher Luft, wie klein sie auch sein mag,
vollständig auszuschliessen.

Seitdem bemühen sich die Anhänger der Urzeugung mit
Recht, darauf aufmerksam zu machen, dass, wenn die geringste
Menge gewöhnlicher Luft in irgend einem Aufguss Organismen
entwickelt, nothwendigerweise in dem Fall, wo diese Organismen
nicht spontan entstanden sind, Keime einer Menge verschiedener
Gebilde vorhanden sein müssen, und dass, wenn die Dinge
schliesslich so liegen, die gewöhnliche Luft gemäss der Aus-
drucksweise *Pouchet's* von organischer Materie überfüllt sein
müsste: diese müsste in ihr einen dichten Nebel bilden.

---

der pflanzlichen oder thierischen Fermente, welche der Luft zum
Leben nicht bedürfen, und deren Keime nothwendig durch die Wärme
getödtet werden müssen. Ich bin überzeugt, dass da die von den
Fabrikanten am meisten zu fürchtende Gefahr liegt, und ich bin geneigt zu glauben, dass sich z. B. die Buttersäure liefernden Aufgussthierchen, welche ich kürzlich kennen gelernt habe, in gewissen
schlecht bereiteten Conserven entwickeln.

Diese Schlussfolgerung ist gewiss sehr verständig. Sie
würde es noch mehr sein, wenn es sicher feststände, dass die
niederen Arten, welche als sehr distincte erscheinen, es wirklich sind und folglich aus verschiedenen Keimen herrühren.
Wahrscheinlich ist das, erwiesen aber nicht.

Hier ist also eine dem Anschein nach sehr begründete ernste
Schwierigkeit vorhanden. Aber ist sie nicht die Frucht von
Uebertreibungen und von mehr oder weniger irrthümlichen Thatsachen? Ist es wahr, wie man annimmt, dass eine dauernde
Ursache für das Auftreten der sogenannten spontan entstandenen Generationen in der irdischen Atmosphäre vorhanden ist?
Ist es wohl sicher, dass die kleinste Menge gewöhnlicher Luft
genügt, in irgend einem Aufguss organische Gebilde zu entwickeln?

Die folgenden Versuche beantworten alle diese Fragen.

In eine Reihe von Ballons von 250 Cubikcentimeter bringe
ich die nämliche fäulnissfähige Flüssigkeit (eiweisshaltiges aus
der Bierhefe herstammendes Wasser; dasselbe zuckerhaltig;
Urin u. s. w.), so dass sie ungefähr den dritten Theil des ganzen
Volumens einnimmt. Ich ziehe den Hals in der Flamme aus,
dann lasse ich die Flüssigkeit kochen und schliesse das ausgezogene Ende während des Kochens. Der leere Raum ist in
den Ballons hergestellt; alsdann breche ich ihre Spitzen an einer
bestimmten Stelle ab. [75] Die gewöhnliche Luft stürzt in die
Ballons mit Gewalt hinein, indem sie allen Staub, den sie suspendirt enthält, und alle bekannten oder unbekannten Principien,
welche ihm beigemischt sind, mit sich reisst. Unmittelbar darauf
schliesse ich die Ballons vor der Flamme und bringe sie in einen
Wärmschrank von 25 bis 30°, d. h. in die besten Temperatur-
bedingungen für die Entwicklung der Aufgussthierchen und der
Mucorineen.

Folgendes sind die Ergebnisse dieser Versuche, welche in
Widerspruch stehen mit den allgemein anerkannten Principien,
welche aber im Gegentheil mit der Vorstellung einer Aussaat
der Keime übereinstimmt.

Am häufigsten ändert sich die Flüssigkeit in sehr wenigen
Tagen und man sieht in den Ballons, obgleich sie unter eiverlei
Bedingungen zubringen, die mannigfaltigsten Wesen auftreten,
sehr viel mannigfaltiger, besonders was die Mucedineen und
Torulaceen anbelangt, als wenn die Flüssigkeiten frei der gewöhnlichen Luft ausgesetzt gewesen wären. Andererseits aber
ereignet es sich häufig — mehrere Male in jeder Versuchsreihe —,

dass die Flüssigkeit vollständig unversehrt bleibt, welches auch
immer die Expositionsdauer im Wärmschrank gewesen sein
mochte, gleich, als wenn sie geglühte Luft erhalten hätte.

Diese Art der Versuchsanstellung scheint mir ebenso ein-
fach wie einwurfsfrei zu sein, um zu zeigen, dass die umgebende
Luft bei Weitem nicht fortlaufend die Ursache der sogenannten
Urzeugung darstellt, und dass es immer möglich ist, von einem
gegebenen Ort in einem gegebenen Augenblick ein beträchtliches
Volumen gewöhnlicher Luft wegzunehmen, welche keinerlei
weder physikalische noch chemische Veränderung erlitten hat
und nichts desto weniger vollständig ungeeignet ist, in einer
Flüssigkeit, welche sich sehr schnell und beharrlich bei freier
Berührung mit Luft ändert, Infusorien oder Mucedineen hervorzurufen. Ueberdies sagt uns der theilweise Erfolg dieser Experimente deutlich genug, dass durch die Wirkung der Luftbewegung
an der Oberfläche einer Flüssigkeit, welche kochend in ein be-
decktes Gefäss gegossen wird, eine genügende Menge Luft
vorbeistreicht, damit jene aus ihr die geeigneten Keime erhalte,
um sie in dem Zeitraum von zwei bis drei Tagen zu entwickeln.

[76] Ich habe behauptet, dass die Gebilde mannigfaltiger in
den Ballons sind, als wenn die Berührung mit Luft unbeschränkt
gewesen wäre. Nichts natürlicher; denn indem man die Entnahme von Luft beschränkt, und indem man sie häufig wiederholt, ergreift man sozusagen die Keime der Luft in ihrer ganzen
Mannigfaltigkeit, in welcher sie sich dort finden. Die Keime,
welche in geringer Zahl in einem begrenzten Luftvolumen vorhanden sind, werden in ihrer Entwicklung nicht durch zahl-
reichere Keime oder durch Keime vorzeitigerer Fruchtbarkeit,
welche fähig sind, das Gebiet zu befallen, indem sie dort Raum
nur für sich selbst übrig lassen, gestört. So zeigt sich nur Penicillium glaucum, dessen Sporen lebenskräftig und sehr verbreitet sind, nach Verlauf von wenig Tagen in den nicht ein-
geschlossenen Flüssigkeiten, welche dahingegen sehr verschiedene
Gebilde aufweisen, wenn man sie der Einwirkung begrenzter
Luftquantitäten unterwirft.

Endlich ist es sehr interessant, die Unterschiede anzugeben,
welche man je nach den atmosphärischen Bedingungen in der
Zahl der negativen Ergebnisse dieser Versuche beobachtet.
Hierin finden wir ausserdem noch eine treffende Bestätigung
der von mir vertheidigten Ansicht.

Nichts leichter in der That als bald die Zahl der Ballons,
welche sich ändern, bald die Zahl der Ballons, welche unversehrt

bleiben, zu erhöhen oder zu vermindern. Das wird aus den Einzelheiten hervorgehen, in die ich mich jetzt vertiefe.

A. Vorläufige Versuche, welche geeignet sind, den Mangel an beständiger Ursache für sogenannte Urzeugung klar zu machen.

Auf einer Terrasse in freier Luft, einige Meter über dem Boden, öffne ich zwei Ballons, von denen der eine Hefewasser, der andere dieselbe Flüssigkeit mit Zucker bis zu $\frac{1}{10}$ enthielt, und verschliesse sie bald darauf wieder. [77] Dies geschah einige Augenblicke nach einem leichten Regen von sehr kurzer Dauer.

Am 1. Juni keine Spur von organisirten Gebilden vorhanden.

Am 2. ein sehr kleiner Schimmelrasen in dem einen der Ballons, in dem mit dem zuckerhaltigen Hefewasser.

Am 8. weist der zweite Ballon gleichfalls einen kleinen Schimmelrasen auf.

Die beiden Flüssigkeiten sind vollkommen klar und bleiben es während des Wachsthums des Myceliums *).

Am 28. Mai 1860 öffne ich vier Ballons auf derselben Terrasse nach einem heftigen Regenguss mit sehr grossen Tropfen und schliesse sie wieder.

Am 4. Juni keine Spur einer Bildung.

---

*) Ich deute hier eine lehrreiche Thatsache an, welche mir mit den allgemeinen Ergebnissen dieser Arbeit in guter Harmonie zu stehen scheint. Versetzt man sich in die Einzelheiten der Experimente aus den Kapiteln IV und folgende zurück, so wird man wahrnehmen, dass es sich niemals ereignete, dass die organisirten Gebilde, wenn man Pfropfen von Baumwolle oder Asbest, die mit dem Staub eines grossen Volumens Luft beladen waren, in verschiedene Aufgüsse aussäet, sich in ihnen nicht vor dem folgenden oder nächstfolgenden Tage zeigten. Aus den Experimenten des vorliegenden Kapitels hingegen erkennt man, dass das Leben zuweilen eine beträchtliche Zeit bedarf, um hervorzutreten, acht, zwölf, fünfzehn Tage. Das ist leicht zu begreifen. Im ersten Fall sind so viel ausgesäte Keime vorhanden, dass stets einige vorhanden sind, welche fast ebenso zeitig keimen, wie die gesündesten dieser Art Gebilde. Im zweiten Fall, in welchem man kurz die Keime eines sehr beschränkten Luftvolumens aussäet, muss es zuweilen vorkommen, dass diejenigen, welche in den Ballon eindringen, sich in schlechtem Zustande befinden, und dass ihre Entwicklung schwierig geworden ist durch alle die Ursachen, welche eine Verschlechterung bedingen und denen sie in der Atmosphäre ausgesetzt gewesen sein mussten.

Am 5. ein kleiner Schimmelrasen in dem einen der Ballons.
Sehr klare Flüssigkeit.

Am 6. ein zweiter Schimmelrasen in einem zweiten Ballon.
Flüssigkeit sehr klar.

Die beiden anderen Ballons sind unversehrt und sehr klar
geblieben. Derselbe Zustand im Jahre 1861.

Am 20. Juli 1860 öffne ich sechs Hefewasser enthaltende
Ballons in einem Zimmer meines Laboratoriums und schliesse sie
wieder. [78] Noch heute (April 1861) ist die Flüssigkeit aus
vier dieser Ballons vollkommen klar ohne die geringste Spur
von organisirten Gebilden. Die beiden anderen haben unver-
züglich am 22. Juli und 1. August Gebilde geliefert: in dem
einen Infusorien und Torulaceen, in dem andern ein Mycelium
in der Gestalt einer seidenglänzenden Kugel.

Am 30. Juni öffnete ich eine grosse Zahl von Ballons, welche
nicht gezuckertes Hefewasser enthielten, um unter dem Mikroskop die in denselben entstandenen Gebilde zu studiren, damit
ich eine Vorstellung von der Mannigfaltigkeit erhalten möchte,
in welcher sie auftreten. In Fig. 28 (Tafel II) A, B, C, D,
E, F, G, H, K, L, M, habe ich eine Zahl meiner Zeichnungen reproducirt.

A. Bacterien von 0,0006 mm Durchmesser und von 0,005 mm
grösster Länge*).

----

*) Diese Bacterien — vielleicht untermischt mit sehr kleinen
Vibrionen — traten am 2. Juli in dem Ballon ohne irgend welche andere Gebilde auf. Am 4. Juli analysirte ich die Luft des Ballons in
dem Augenblicke, wo die Untersuchung der trüben Flüssigkeit mir
gezeigt hatte, dass sie von diesen kleinen sehr hinfälligen Infusorien
erfüllt war. Nun enthielt die Luft:

Sauerstoff   4,3
Kohlensäure 14.3
Wasserstoff   0,0
Stickstoff aus der Differenz 81.4
                          100,0.

Diese Analyse zeigt uns, wie gross das Verhältniss des Sauerstoffs ist, welches von diesen sehr kleinen Infusorien absorbirt und in
Kohlensäure verwandelt worden ist. Ihr Auftreten begann am 2. Juli,
indem sie sich wie gewöhnlich durch eine leichte Trübung der
Flüssigkeit ankündigten. Am 3. und 4. Juli dauerte ihre Vermehrung
fort und nach ungefähr 48 Stunden hatten sie sich schon ein beträchtliches Volumen Sauerstoff nutzbar gemacht.

Der Ballon enthielt 80 Cubikcentimeter Flüssigkeit, 160 Cubikcentimeter Luft.

Es war unmöglich, die Bacterien auf einem Filter zu sammeln

[79] *B.* Torulacee in sehr kleinen vollkommen sphärischen Kügelchen von 0,0015 mm Durchmesser, die zu kleinen Rosenkränzen vereinigt sind.

C. Mucor und Vibrionen.

D. Torulacee, deren Zellen einen Durchmesser von 0,001 bis 0,007 mm haben. Sie ist ziemlich häufig, was zu erwähnen ich bereits Gelegenheit hatte.

E. Mycoderma gleich derjenigen des Bieres, des Weines u. s. w., in Gliedern von allen Dimensionen und mehr oder weniger verzweigt.

F. Infusorien von unendlicher Kleinheit. Die kleinste der Monaden bewegt sich mit ausserordentlicher Behendigkeit. Es sind kaum wahrnehmbare Punkte.

G. Torulacee in schönen sprossenden Kügelchen, die im Innern etwas körnig sind, und deren Durchmesser zwischen 0,006 und 0,009 mm schwankt. Sie gleicht der Bierhefe vollkommen, sie gleicht gleichfalls sehr der Torulacee *D*, aber sie ist ein wenig dicker und körniger*.

---

und ihr Gewicht zu bestimmen, weil sie durch die Poren des Filters hindurch gehen; aber dies Gewicht muss im trocknen Zustande sehr gering sein, kann höchstens einige Milligramm betragen. Folglich war das Gewicht des Sauerstoffs, welcher durch das Leben dieser kleinen Wesen in Kohlensäure verwandelt worden war, hier dem Gesammtgewicht ihrer Substanz überlegen. Es könnte möglich sein, dass dies nicht eine Wirkung der reinen Athmung ist. In dieser Hinsicht vergleiche man die Bemerkung auf Seite 58 [67].

*) Von allen niederen organisirten Gebilden ist die Bierhefe diejenige, welche am häufigsten der Gegenstand des Streites zwischen den Anhängern und den Gegnern der Lehre von der Urzeugung gewesen ist. Ihr so schnelles und leichtes Auftreten in gewissen gährfähigen Flüssigkeiten ist von den Heterogenisten immer als eins ihrer Lieblingsargumente angerufen worden. Sicher ist, dass der Ursprung dieser Pflanze einen sehr interessanten und in Dunkel gehüllten Gegenstand dem Studium darbietet.

Einige deutsche Botaniker, unter Anderem *Bail*, haben sich bemüht, die Schwierigkeit zu beseitigen, indem sie zu beweisen suchen, wie es bereits in Frankreich *Turpin* versucht hatte, dass die Bierhefe nur eine Sporenform der gewöhnlichen Mucedineen wie Penicillium glaucum, Ascophora elegans . . . . . sei.

Diese Behauptung ist neuerdings wieder von *Hoffmann, Pouchet* und *Joly* vorgebracht worden, welche sie mit ihren Lieblingsideen in Einklang setzten. *Bail*, Flora 1857; *Hoffmann*, Botanische Zeitung, Februar 1860; *Pouchet, Joly* und *Musset*, Comptes rendus de l'Académie 1861).

Ich hoffe, allernächstens eine Zusammenfassung meiner Beobachtungen über diesen Gegenstand zu veröffentlichen.

II. Torulacee in klebrigen Körnchen, welche sich fest an die
Wände des Ballons anhängen, von denen man Mühe hat, sie loszu-
lösen, und auf denen sie eine zusammenhängende Schicht bilden.

[80] Der Durchmesser der Körnchen ist genau derjenige
der Torulacee *B*; aber diese tritt in Rosenkranzform auf und
haftet nicht an den Gefässen. Trotz ihrer Aehnlichkeit halte
ich sie für distincte Arten.

K. Alge aus viertheiligen Zellen gebildet, welche in der
Form eines Niederschlages auf den Wänden abgesetzt wird; sie
erscheinen gleich Steinschichten unter dem Mikroskop. Unter
dem Einfluss verdünnter wässeriger Salzsäure trennen sich die
Haufen von Zellen in kleine Gruppen von vier Zellen.

L. Mucorinee in einem röthlichen Häutchen, welches sich an
der Oberfläche der Flüssigkeit ausbreitet, sehr leicht zerreisst
und in Fetzen auf den Boden der Flüssigkeit sinkt, wo es
sich wie Lappen ausnimmt. Unter dem Deckgläschen zer-
drückt, bietet sie im Mikroskop Haufen der feinsten Körnchen
dar, welche in den Kanälen, die diese Haufen trennen, herum-
wimmeln.

M. Mucor von zarten Granulationen, gemischt mit Vibrionen
von veränderlicher Länge, mit gewundener Bewegung.

Man füge zu diesen Figuren, in denen ich vorzugsweise
Mucor, Torulaceen und die häufigsten Infusorien dargestellt habe,
Zeichnungen von einer Menge aus septirten Fäden bestehenden
Mycelien hinzu, welche sich an der Oberfläche der Flüssigkeit
als dichte feuchte gallertige Häute oder als aus einem Netz-
werk von Fäden zusammengesetzte Membranen, die mit
Sporangien von grüner, orangerother, grün-gelblicher, schwarz-
brauner u. s. w. Farbe bedeckt sind, ausbreiten, Mycelien
der mannigfaltigsten Arten, [81] und man wird eine Vorstellung erhalten, was das Hefewasser unter dem Einfluss
beschränkter Mengen gewöhnlicher Luft in einer Reihe von in

Wenn die Hefe durch Urzeugung entstanden ist, würden nothwendigerweise in der Flüssigkeit, in welcher sie entsteht, Kügelchen
von allen Grössen, von der eben wahrnehmbaren an, vorhanden sein,
was sich niemals ereignet. Ueberdies ist nichts leichter als, indem
man lange genug das Auge an das Mikroskop hält, die Knospung der
Zellen und die Trennung der erwachsenen Kügelchen zu verfolgen.

Bei der Abbildung der Bierhefe ist es ein schwerer Irrthum,
Kügelchen von allen Grössen von den feinsten Granulationen an ab-
zubilden, wie es *Pouchet* in Fig. 14, Tafel II seines Traité de l'Hétéro-
genie gethan hat. *Turpin* hatte schon diesen Fehler begangen, was
für seine »Théorie des Globulins« nothwendig war.

der von mir angegebenen Weise hergerichteten Ballons an distincten Arten liefern kann.

Das sind dieselben Arten, welche die nämliche Flüssigkeit bei freier Berührung mit Luft liefern würde; um sie aber alle wiederzufinden, müsste man die Versuche noch weiter ausdehnen, weil begrenzte Luftmengen sehr viel mehr Aussicht haben, wie ich erwähnte, die Keime der Luft in all' der Mannigfaltigkeit zu ergreifen, welche die Versuche gewöhnlich aufweisen.

Daher hat es mich immer sehr überrascht, wenn *Pouchet* in seinen geschickten Plaidoyers zu Gunsten der Lehre von der Heterogenie auf diesen unbestimmten Einwand von den zengenden Fähigkeiten der Aufgüsse, welche durch die materiellen Versuchsbedingungen im Glase erstickt werden, zurückkommt. Diese zeugenden Fähigkeiten, um mich des Ausdrucks *Pouchet*'s zu bedienen, sehe ich vielmehr gesteigert als vernichtet. Wenn dieser Einwand irgend wie begründet wäre. so müsste er gegen die *Schwann*'schen Experimente, deren Ergebnisse einen wesentlich negativen Charakter haben, und nicht gegen die meinigen gerichtet werden; denn der eine Fortschritt meiner Untersuchungen besteht darin, Versuche angestellt zu haben, welche nach dem Willen des Experimentators (wie wir das in Kapitel IV gesehen haben) positive oder negative Resultate liefern*).

---

*) Was das Arbeiten in freier Luft, um darauf die Ergebnisse zu deuten, wie mir *Pouchet* so oft zu thun anempfohlen hat, anlangt, so werde ich mich davor sorgfältig hüten. Es ist so selten, dass man richtig räth, wenn man die Natur studirt! Und sind denn nicht vorgefasste Meinungen immer dazu da, um uns eine Binde vor unsere Augen zu legen?

Folgendes z. B. ist eins der *Pouchet*'schen Experimente in freier Luft. »Man liess,« sagt er, »Spargelstengel in Wasser maceriren. Nachdem dies filtrirt ist, machte man daraus zwei Portionen: die eine wurde ohne weitere Behandlung aufbewahrt, die andere wurde zwei Minuten lang gekocht. Am folgenden Tage war die einfache Macerationsflüssigkeit mit einer ungeheuren Menge Bacterien und Vibrionen erfüllt. Die gekochte Macerationsflüssigkeit bot dahingegen nicht ein einziges dar.« (Moniteur scientifique 1861, p. 163.)

Dann fügt *Pouchet* hinzu: »Die Vibrionen erscheinen erst viel später in einem Decoct, weil die Wärme ihre Gährung aufhält ... Wer wüsste das nicht? Ist es möglich, irgend etwas Einfacheres und Schlagenderes zu bieten als dies Experiment?« (Moniteur scientifique, dasselbe Experiment 1860, p. 1082.)

Aber was giebt es wirklich Leichteres zu begreifen als einen Unterschied in den Zeiträumen des Auftretens der Vibrionen zweier gleicher Macerationsflüssigkeiten, von denen die eine gekocht, die

82' In Bezug auf die Mannigfaltigkeit der Gebilde jedoch erkenne ich an, dass ein sehr grosser Unterschied zwischen denen pflanzlicher Natur und den anderen vorhanden ist. Die ersteren sind sehr vielfach, während sich die Mannigfaltigkeit für die Infusorien auf Monaden, Bacterien und Vibrionen beschränkt. Ohne hier die Frage nach dem Ursprung der grossen Infusorien voreilig entscheiden zu wollen, worüber ich eine besondere Arbeit zu veröffentlichen hoffe, weiss man doch, dass niemals ein Aufguss auf den ersten Anlauf grosse Infusorien liefert, dass niemals Paramecien, Kolpoden, Vorticellen u. s. w. den Bacterien und Vibrionen vorausgehen. Sobald man sich die Luftanalysen, welche ich in dieser Abhandlung aus der Zeit, wo die kleinsten Infusorien in den Ballons erschienen sind, mitgetheilt habe, vergegenwärtigt, wird man sehen, mit welcher Geschwindigkeit sie die Luft ändern und sie mit Kohlensäure erfüllen:

So lange Feuchtigkeit vorhanden ist, ist das Leben in einem der Berührung mit freier Luft ausgesetzten Aufguss unbegrenzt, weil der Sauerstoff, eins der wichtigsten Nahrungsmittel der Mucedineen und Infusorien, ihnen niemals fehlt. In einer begrenzten Atmosphäre kommt das Leben natürlich nach Verlauf einiger Tage zum Stillstand. Die grossen Infusorien werden sich also nicht zeigen, weil es feststeht, dass nicht mit ihnen das Leben in den Aufgüssen beginnt*). 83] Ihr Auftreten würde eine neue zu lösende Schwierigkeit sein.

---

andere nicht gekocht worden ist? Ist die Natur der Flüssigkeiten dieselbe? Ist diejenige, welche erhitzt worden ist, nicht gründlich verändert? Sind in dieser nicht die Keime der Vibrionen getödtet worden? Wenn sie es nicht sind, wie ich denn gezeigt habe, dass dies für die Milch und andere Flüssigkeiten zutrifft, können nicht in ihrer Entwicklungsfähigkeit Veränderungen vorhanden sein, wie das so klar ist z. B. im Kapitel VIII für die bei 120° erhitzten Sporen von Penicillium glaucum, deren Keimung um mehrere Tage verzögert worden ist? Wer weiss, ob nicht die Veränderung der Flüssigkeit allein genügt, um eine Verzögerung in dem Auftreten der nämlichen Organismen und, wie ich weiter behaupte, einen Unterschied in der Natur der Organismen zu erklären, weil man weiss, dass diese mit der Natur der Aufgüsse wechseln?

*) An solcher Stelle lässt *Pouchet* die grossen Infusorien und Mucedineen in einem sogenannten Bruthäutchen, welches aus den Haufen von Bacterien und Vibrionen gebildet wird, von selbst entstehen. (Siehe S. 352 seines Traité de la génération spontanée, das Kapitel betitelt: Formation de la pellicule proligère.) Ich traf indessen zwei oder drei Male Infusorien, welche mir Monas lens zu sein schienen, in zuckerhaltigen Flüssigkeiten, in denen sich weder Bacterien noch Vibrionen gebildet hatten.

Aber dies schwächt in nichts die Schlussfolgerungen ab, zu denen ich über den Ursprung der Mucoreen. der Mucedineen, der Torulaceen und der kleinsten Infusorien in den vorher gekochten Aufgüssen geführt worden bin. In Bezug auf diesen Punkt, von dem ich heute allein handle, sind die Ergebnisse meiner Arbeit, wie ich glaube, unangreifbar.

B. Untersuchungen über ruhige Luft.

Dank der Gefälligkeit des Herrn *Le Verrier* konnte ich einige Versuche mit Luft aus den Kellern der Sternwarte anstellen. In diesem Theil der Keller, welcher in der Zone der unveränderlichen Temperatur gelegen ist, muss die vollkommen ruhige Luft — das ist klar — ihren Staub auf die Oberfläche des Bodens in der Zeit zwischen den Erschütterungen fallen lassen, welche ein Beobachter dort durch seine Bewegungen oder durch die Gegenstände, welche er dorthin schafft, hervorruft. Indem man folglich die Vorsichtsmaassregeln vermehrt, wenn man dort hinuntersteigt, um Luft aufzufangen, müssen die Ballons, welche sich ferner ohne organisirte Gebilde zeigen werden, beträchtlich zahlreicher sein als in dem Fall, wo sie z. B. in dem Hof der Anstalt mit Luft gefüllt worden wären. Dies trifft in der That zu, und der Sinn der Ergebnisse zwingt durch die Uebereinstimmung, welche er mit der Natur oder der mehr oder weniger grossen Mannigfaltigkeit der ergriffenen Vorsichtsmaassregeln darbietet, um das zufällige Eindringen fremden Staubes zu verhindern, anzunehmen, dass, wenn die Ballons in den Kellern geöffnet oder geschlossen würden, ohne dass der Versuchsansteller [84] sich dort hinzubegeben nöthig hätte, sich die Luft dieser Keller beständig ebenso unwirksam zeigen würde, wie die geglühte Luft. Indessen hat sie nicht durch sich selbst und in Anbetracht der Bedingungen, unter denen sie sich befand, eine eigene Inactivität. Ganz im Gegentheil schien mir diese Luft, wenn sie mit Feuchtigkeit gesättigt war — da die meisten der niederen Organismen zum Leben des Lichtes nicht bedürfen —, für die Entwicklung dieser Organismen geeigneter als diejenige von der Oberfläche des Bodens.

Ich theile nur eine der Versuchsreihen mit. Am 14. August 1860 öffnete ich in den Kellern der Sternwarte zehn Bierhefewasser enthaltende Ballons und in dem Hof der Anstalt 50 Cent. über dem Boden bei leichtem Winde elf Ballons von derselben

Zubereitung und verschloss sie dann wieder. Alle wurden am
nämlichen Tage in den Wärmschrank meines Laboratoriums
zurückgestellt, dessen Temperatur 25 bis 30° beträgt. Bis auf
den heutigen Tag habe ich alle diese Ballons aufbewahrt. Ein
einziger von den in den Kellern geöffneten enthält pflanzliche
Gebilde. Die elf im Hof geöffneten Ballons haben alle Infusorien
oder Pflanzen der von mir beschriebenen Gattungen geliefert.

C. Versuche mit Luft aus verschiedenen Höhen.

Die in den vorhergehenden Paragraphen mitgetheilten Versuche thun zur Genüge dar, dass in der Luft keine stetige Ursache für die sogenannte Urzeugung vorhanden ist, d. h. dass
es immer möglich ist, einem bestimmten Ort eine erhebliche aber
begrenzte Menge gewöhnlicher Luft zu entnehmen, welche
keine physikalische oder chemische Veränderung
erlitten hat, und nichtsdestoweniger durchaus ungeeignet ist,
irgend eine Veränderung in irgend einer ausserordentlich fäulnissfähigen Flüssigkeit hervorzurufen. Daraus ergiebt sich der
Grundsatz, dass die erste Bedingung für das Erscheinen lebender
Wesen in den Aufgüssen oder in den gährfähigen Flüssigkeiten
nicht in der Luft, als Fluidum betrachtet, liegt, sondern dass sie
sich in derselben hier und dort findet durch Stellen, welche zahlreiche und mannigfaltige Continuitätstrennungen darbieten, wie
sich das in der Hypothese von der Aussaat von Keimen voraus-
sehen lässt.

[85] Es schien mir sehr interessant zu sein, die Ideen, welche
die vorstehenden Ergebnisse angeben, zu verfolgen, indem ich
die verschiedenen Höhen entnommene Luft der von mir bekannt
gemachten Versuchsanstellung unterwarf. Ich hätte mit dem
Luftballon aufsteigen können; aber für gleichsam vorläufige
Versuchsstudien schien es mir bequemer und vielleicht auch
nützlicher, vergleichsweise in der Ebene und auf den Bergen zu
arbeiten.

Ich hatte die Ehre, auf dem Bureau der Academie in ihrer
Sitzung vom 5. November 1860 dreiundsiebenzig Ballons nieder-
zulegen, von denen jeder ¼ Liter Rauminhalt hatte, und welche
so hergerichtet waren, wie ich im Anfange dieses Kapitels mittheilte, d. h. welche anfänglich luftleer und bis zu einem Drittel
mit Wasser der Bierhefe gefüllt waren. Dies war bis zur vollkommenen Klarheit filtrirt worden.

Zwanzig dieser Ballons erhielten Luft vom platten Lande, ziemlich weit von jeder Behausung am Fusse der Höhen, welche das erste Juraplateau bilden; zwanzig andere sind auf einem der Berge des Jura gewesen, 850 Meter über dem Meeresspiegel; schliesslich ist eine andere Reihe von zwanzig ebensolchen Ballons auf den Montauvert nahe dem Mer de Glace in einer Höhe von 2000 Metern gebracht worden.

Folgendes sind die Ergebnisse, welche sie mir lieferten:

Von den zwanzig auf dem platten Lande geöffneten Ballons enthalten acht, von den zwanzig auf dem Jura geöffneten fünf organisirte Gebilde; und von den auf dem Montauvert bei ziemlich starkem Winde, der aus den tiefsten Schlünden des Boisgletschers pfiff, gefüllten zwanzig Ballons ist ein einziger verändert worden. Ohne Zweifel müsste man diese Versuche stark vermehren. Aber so wie sie sind, zielen sie schon daraufhin zu beweisen, dass die Zahl der in der Luft suspendirten Keime in dem Maasse, wie man aufwärts steigt, sich ansehnlich vermindert. Sie zeigen mit Rücksicht auf den uns hier beschäftigenden Gesichtspunkt besonders die Reinheit der Luft von hohen mit Eis bedeckten Gipfeln, [86] da in einem einzigen der auf dem Montauvert gefüllten Gefässe eine Mucedinee entstanden ist.

Die Entnahme der Luft erfordert einige Vorsichtsmaassregeln, welche ich seit langem für unerlässlich erkannt habe, um so viel als möglich die Dazwischenkunft des Staubes, welchen der Versuchsansteller mit sich bringt, und des Staubes, welcher sich auf der Oberfläche des Ballons oder der Werkzeuge, deren man sich bedienen muss, ausbreitet. Zuerst erhitze ich ziemlich stark den Hals des Ballons und seine ausgezogene Spitze in der Flamme einer Spirituslampe, darauf mache ich einen Schnitt in das Glas mit Hülfe eines Stahlmessers; alsdann breche ich, indem ich den Ballon über meinen Kopf in entgegengesetzter Richtung zum Winde erhebe, die Spitze mit einer Eisenzange ab, deren lange Schenkel soeben die Flamme passirt haben, um den Staub, welcher an ihrer Oberfläche vorhanden sein könnte, und welcher theilweise unfehlbar durch das ungestüme Eindringen der Luft in den Ballon gejagt werden würde, zu verbrennen.

Während meiner Reise fürchtete ich stark, dass das Schütteln der Flüssigkeit in den Gefässen während des Transportes irgend einen unangenehmen Einfluss auf die ersten Entwicklungsstadien der Infusorien oder des Mucor haben könne. Die folgenden Ergebnisse beseitigen diese Zweifel. Sie gestatten uns ausserdem, den ganzen Unterschied kennen zu lernen, welcher zwischen

der Luft der Ebene oder der Höhen und derjenigen bewohnter
Orte besteht.

Meine ersten Versuche auf dem Gletscher des Bois wurden
durch einen Umstand unterbrochen, den ich keineswegs vorher-
gesehen hatte. Um die Spitze der Ballons nach der Entnahme
der Luft zu schliessen, hatte ich eine durch Spiritus gespeiste
Eopyle mit mir genommen; nun war die Weisse des von der Sonne
getroffenen Eises so gross, dass es mir unmöglich war, den ent-
zündeten Dampfstrahl des Alkohols zu unterscheiden, und da
die Flamme überdies etwas durch den Wind bewegt war, blieb
sie auf dem abgebrochenen Glase nicht immer lange genug, um
die Spitze zuzuschmelzen und den Ballon hermetisch zu schliessen.
Alle Mittel, welche ich damals zu meiner Verfügung gehabt
hätte, um die Flamme sichtbar und folglich dirigirbar zu machen,
87] würden unvermeidlich zu Fehlerquellen Veranlassung gegeben haben, indem sie in der Luft fremden Staub verbreitet
hätten.

Ich war also gezwungen, die Ballons, welche ich auf dem
Gletscher geöffnet hatte, unverschlossen nach der kleinen Herberge auf dem Montauvert zurückzutragen und dort die Nacht
zuzubringen, um den folgenden Tag unter besseren Bedingungen
mit anderen Ballons zu operiren. Folgendes sind die Ergebnisse
der soeben angekündigten zweiten Versuchsreihe.

Was die dreizehn am vorhergehenden Abend auf dem Gletscher geöffneten Ballons anlangt, so schloss ich sie nicht vor
dem folgenden Mittag, nachdem sie die ganze Nacht über dem
Staub des Zimmers, in welchem ich schlief, ausgesetzt gewesen
waren. Nun enthalten von diesen dreizehn Ballons zehn Infusorien oder Schimmel.

Da die Zahl der in diesen ersten Versuchen veränderten
Ballons grösser ist als in den folgenden, so hat das Schütteln der
Flüssigkeit während der Reise, wie ich fürchtete, keinen Einfluss
auf die Entwicklung der Keime. Ausserdem giebt uns das Verhältniss der Ballons, welche in diesen ersten Versuchen organisirte Gebilde liefern, den unzweifelhaften Beweis, dass die be-
wohnten Orte eine relativ beträchtlichere Zahl fruchtbarer Keime
einschliessen und zwar wegen des auf der Oberfläche aller Ob-
jecte befindlichen Staubes. In dieser kleinen Herberge auf dem
Montauvert z. B. ist gewiss Staub vorhanden und in Folge
dessen auch Keime, welche aus allen Ländern der Welt
kommen und durch die Thätigkeit der Reisenden herbeigeschleppt
werden

D. Versuche mit Quecksilber.

Ich habe schon im Kapitel VII und in dem historischen Theil dieser Abhandlung daran erinnert, wie das Experiment des Dr. *Schwann* die Hypothese *Gay-Lussac's* über die Rolle der Luft bei der Erklärung der Vorgänge in den *Appert'*schen Conserven beseitigt hat. Aber woher kommt es, dass in dem Experiment des berühmten Chemikers mit Traubenmost, das so häufig angeführt wird, [88] Bierhefe in Folge der Einführung einer sehr kleinen Luftmenge entsteht, und dass, wenn man das nämliche Experiment mit verschiedenen Aufgüssen wiederholt, man diese sich unter dem Einfluss sehr kleiner Luftmengen, sehr viel mehr durch Einführung geglühter oder künstlicher Luft, verändern sieht; denn waren die Experimente von *Pouchet*, welche in der Quecksilberwanne ausgeführt wurden, genau, während diejenigen *Schwann's* darin fast beständig irrthümlich waren? Einfach, weil das Quecksilber unserer Wannen, welches nur von Zeit zu Zeit Waschungen mit energischen Säuren erleidet, gewöhnlich mit Keimen erfüllt ist, welche von dem in der Luft suspendirten Staub herbeigeführt werden, stets, wenn die Wanne der Luft ausgesetzt ist, in das Quecksilber hineinfallen und in das Innere desselben durch die Manipulationen, welche man in ihm vornimmt, eindringen, ohne dass ihre specifische Leichtigkeit sie alle wegen ihres mikroskopischen Volumens an die Oberfläche bringen kann *).

Hier ist ein sehr einfaches und sehr beweisendes Experiment, welches fast beständig gelingt.

Man nehme einen dieser Ballons, hergerichtet wie ich im Anfange des Kapitels VII beschrieben habe, luftleer, theilweise mit einer fäulnissfähigen Flüssigkeit erfüllt und vorher gekocht, man tauche seine geschlossene Spitze auf den Grund irgend einer Quecksilberwanne und breche dieselbe durch einen Stoss auf ihrem Grunde ab, so werden in der Flüssigkeit dieses Ballons vielleicht neun Mal von zehn organisirte Gebilde nach dem Eindringen theils von geglühter Luft, theils von künstlicher Luft entstehen.

---

*) Es ist klar, dass in dem merkwürdigen Experiment *Gay-Lussac's*, bei dem die Eprouvetten, deren er sich bediente, nicht vorher erhitzt waren, die Keime hineingebracht worden sein konnten durch den Staub von der Oberfläche des Glases der Eprouvetten oder durch die Weinbeeren, welche, wie alle Körper, mit Staub und folglich auch mit Keimen bedeckt sind.

Augenscheinlich hat nur das Quecksilber die Keime liefern
können, wenigstens wenn es keine Urzeugung giebt; diese
Hypothese wird aber durch die Thatsache ausgeschlossen, dass,
wenn das Experiment ohne Anwendung der Quecksilberwanne
wiederholt wird wie in Kapitel III, indem man die Methode der
Fig. 10 befolgt, keine Gebilde auftreten.

[89] Ich nehme Quecksilber, welches ohne besondere Vorsichtsmaassregeln aus irgend einer Laboratoriumswanne ge-
schöpft worden ist, und bringe mit Hülfe der vorher beschriebenen
Methode (Kapitel III) ein einziges Quecksilberkügelchen von
der Grösse einer Erbse in eine veränderliche Flüssigkeit in einer
Atmosphäre von geglühter Luft. Zwei Tage später waren in
allen von mir angestellten Experimenten[*] mannigfaltige Gebilde
vorhanden; und als ich zu derselben Zeit nach derselben
Methode, ohne die Manipulationen irgend zu ändern, dieselben
Versuche mit Quecksilber von derselben Herkunft, das aber erhitzt worden war, wiederholte, hatte nicht die geringste Bildung statt.

Man darf die Folgerungen, welche man aus diesen Experimenten ableiten kann, nicht übertreiben. Sehen wir zu, was
wirklich vorgeht. Man schöpfe in ein Glas mit Fuss Quecksilber
aus einer Wanne; man nimmt daher immer unter Vorsichtsmaassregeln, welche, wie ich vermuthe, nicht angewandt worden
sind, einen Theil des Quecksilbers, welches sich an der Oberfläche der Wanne, wo Staub vorhanden ist, befindet, heraus;
darauf schüttet man einen Tropfen dieses Quecksilbers in eine
kleine Röhre. Das Experiment zeigt, dass dieser Tropfen, indem
er fällt, an seiner Oberfläche eine ansehnliche Menge Staub von
der Oberfläche des Quecksilbers sogar aus dem Glase mit sich
führt. Der herausgehobene Tropfen schliesst also immer einen
Theil des Staubes von der Oberfläche der Wanne ein. Ich werde
noch besser verstanden werden, wenn ich bemerke, dass, wenn
man aus einem Glas mit Fuss einen Tropfen des Quecksilbers, das
an seiner Oberfläche mit irgend einer beliebigen Staubschicht bedeckt sei, herausfliessen lässt, der ganze Tropfen während des
Falles von einer Schicht dieses Staubes durch die Wirkung der
Capillarität eingehüllt sein würde. [90] Aber nichts würde einfacher sein, als das Experiment mit einem unter besonderen

---

[*] In der Zahl von vier, zwei mit dem Quecksilber meines Laboratoriums, eins mit dem Quecksilber des chemischen Laboratoriums
der École Normale, ein viertes mit dem Quecksilber des physikalischen Laboratoriums derselben Anstalt.

Vorsichtsmaassregeln aus dem Innern der flüssigen Masse ge-
schöpften Tropfen zu wiederholen. Ich zweifle nicht daran,
dass das Experiment noch am öftesten gelingt, selbst unter diesen
besonderen Umständen.

Kapitel VIII.

**Vergleichende Untersuchungen über die Wirkung der
Temperatur auf die Fruchtbarkeit der Sporen der Mucedineen und der in der Atmosphäre suspendirten Keime.**

Die Versuche, welche ich im Begriffe bin mitzutheilen, fügen
den entscheidenden Schlussfolgerungen dieser Abhandlung eine
neue Bestätigung hinzu.

Was man über den Widerstand gegen den Tod von den
Anguillen des brandigen Getreides, von den Räderthierchen und
auch von den Samen der höheren Pflanzen nach vorherigem
Austrocknen weiss, sagt uns genügend, dass die Sporen der
Mucedineen ihre Fruchtbarkeit bei ziemlich hohen Temperaturen
müssen bewahren können, wenn sie trocken sind[*].

Nehmen wir für einen Augenblick an, dass man die Tempe-
raturgrenze, welche die Sporen der gewöhnlichen Mucedineen
ertragen können, ohne vernichtet zu werden, und diejenigen
Grenzen, über welche hinaus alle Lebensfähigkeit in diesen
kleinen Körnern aufhört, bestimmt. Wenn die organisirten
Körperchen, welche beständig in der Luft suspendirt vorkommen,
und unter welchen sich immer eine grosse Zahl findet, die den
Sporen der Mucedineen vollkommen gleicht, wenn, sage ich,
diese Körperchen wirklich Sporen sind, so muss uns das Experiment zu dem sonderbaren Resultat führen, dass der Staub der
Luft, welcher in die *Appert*'schen Conserven nach der in Fig. 12
dargestellten Methode ausgesäet worden ist, [91] noch fruchtbar
sein wird, nachdem er die höchste Temperatur, welche die
Sporen der gewöhnlichen Mucedineen ertragen können, erlitten
hat, und welcher ohne Wirkung auf dieselben Conserven sein

--

[*] *Payen* hat schon lange erkannt, dass die kleinen Sporen von
Oidium aurantiacum ihre Entwicklungsfähigkeit bewahren, nachdem
sie bis auf 120° erwärmt worden sind. Ich denke, dass es sich um
einen Versuch in der Luft oder im trockenen luftleeren Raume handelt. Im entgegengesetzten Falle würde ich geneigt sein zu glauben,
dass die Temperatur nicht genau bestimmt werden konnte, und dass
sie zu hoch ist.

würde, wenn er vorher der Temperatur, welche diese Sporen tödtet, unterworfen gewesen wäre.

Sehen wir zuerst zu, was wir über diesen Gegenstand wissen.

Duhamel berichtet in einem seiner Werke, dass Weizen keimen konnte, der eine Temperatur von 110° ertragen hatte. Diese Beobachtung des gelehrten Landwirthes wurde die Veranlassung für einige Versuche *Spallanzani*'s über den Wärmegrad, dem man die Samenkörner unterwerfen kann, ohne dass sie ihre Fähigkeit zu keimen verlieren. Von den höheren Pflanzen wurden fünf Samenarten von ihm untersucht, nämlich die Kichererbse, die Linse, der Spelz, der Samen vom Lein und Klee. *Spallanzani* beschäftigte sich ausserdem mit dem Einfluss der Temperatur auf die Sporen der Mucedineen. Was die Samenkörner der höheren Pflanzen anbelangt, haben die Ergebnisse *Spallanzani*'s, obgleich sie sehr sonderbar sind, nichts, was uns bei dem gegenwärtigen Stande unserer Kenntnisse überraschen müsste. Das Samenkorn des Klees, weniger empfindlich als alle anderen, konnte eine Temperatur von nahezu 100° ertragen. In Bezug auf die Samen der Schimmelpilze wurde *Spallanzani* zu sonderbaren Folgerungen geführt. Er lässt in der That nicht nur gelten, dass die Sporen der Mucedineen die Temperatur von 100° ertragen können, wenn sie in Wasser getaucht werden, sondern dass sie selbst der Wärme eines glühenden Backofens widerstehen können, wenn sie trocken sind. Uebrigens giebt er in diesem letzteren Falle die Temperatur nicht genau an [*].

---

*) Die folgende Stelle aus den Werken *Spallanzani*'s ist ein Auszug aus einem Kapitel des zweiten Bandes seiner Opuscules, in welchem er vorwiegend das Ziel verfolgt zu beweisen, dass *Michelli* Grund gehabt hatte, den Staub, welcher von den Schimmelpilzen, wenn sie reif sind, abfällt, als Same dieser Pflanze zu betrachten.

»Die kleinen Körner, welche von den Köpfen der reifen Schimmelpilze abfallen, und welche die wahren Samen dieser Gewächse sind, besitzen die Eigenthümlichkeit, einem Wärmegrade zu widerstehen, welchen kein anderes Samenkorn ertragen könnte, ohne die Fähigkeit zu keimen zu verlieren. Nachdem ich diese kleinen Samenkörner in Wasser hatte kochen lassen, goss ich das Wasser, welches davon eine schwarze Farbe angenommen hatte, über Körper, welche die Fähigkeit besitzen, schimmelig zu werden, und gemäss den gewöhnlichen Ergebnissen dieser Art Experimente hat der Schimmel viel dichter getrieben, als auf ebensolchen Körpern, welche nicht damit befeuchtet worden waren. Dasselbe habe ich mit Staub ausgeführt, welcher einem sehr viel stärkeren Feuer wie demjenigen eines Backofens ausgesetzt gewesen war, und ich habe gefunden, dass

[92] Man würde kaum begreifen, dass diese Ergebnisse *Spallanzani*'s mit den Samen der Mucedineen nicht von neuem der Prüfung unterworfen wurden, wenn nicht die Experimente hier besondere Schwierigkeiten darböten, welche hauptsächlich darin bestehen, eine genaue Untersuchungsmethode zu finden. Nichts einfacher als für die höheren Pflanzen zu versuchen, ob ihre Samenkörner noch fähig sind zu keimen, wenn sie bis auf eine bestimmte Temperatur erwärmt werden; Getreide treibt nur dort, wo man es ausgesäet hat; was aber die Mucedineen anbelangt, so entwickeln sie sich überall, wo sie günstige Bedingungen finden. Es ist deshalb unerlässlich, in Bezug auf die gewöhnlichen Mucedineen auf eine Einrichtung zurückzugreifen, welche sicher gestattet festzustellen, dass die kleine Pflanze aus den ausgesäten Sporen und nicht zufällig aus den in der Luft suspendirten oder auf der Oberfläche der zu den Experimenten benutzten Gegenstände haftenden Sporen entstanden ist.

Folgende Methode habe ich befolgt, die mir einwurfsfrei zu sein scheint: ich lasse ein wenig Asbest zwischen die kleinen Köpfe des zu untersuchenden Schimmels gleiten*); [93] darauf bringe ich diesen mit Sporen bedeckten Asbest in eine sehr kleine Glasröhre, welche ich in eine U-Röhre von grösserem Durchmesser einführe, in welcher die kleine Röhre sich frei bewegen kann (Fig. 28, Tafel I). Das eine Ende der U-Röhre wird durch einen Gummischlauch mit einer Metallröhre in T-Form mit Hähnen verbunden. Einer der Hähne

diese Wärme die Samenkörner nicht der Reproductionsfähigkeit beraubt.«

Weiterhin drückt sich *Spallanzani* folgendermaassen aus:

»Die Hypothese, welche darthut, dass dieser Staub unsichtbarer Weise überall verbreitet ist, und dass er die Menge der natürlichen Schimmel hervorruft, ist eine der vernünftigsten Hypothesen der Naturwissenschaft.«

*) Wenn sich in einem Ballon, welcher hergerichtet ist, wie ich im Kap. VII S. 64 auseinander gesetzt habe, nur ein einziger Schimmel entwickelt, was häufig ist, so ist es augenscheinlich, dass die Sporen vollkommen rein sind. Zwischen die Sporangien solcher Schimmel bringe ich den kleinen Asbestpinsel, nachdem ich den oberen Theil des Ballons abgebrochen habe. Die Möglichkeit, fremde Keime hineinzubringen, bestand nur während der sehr kurzen Zeit, während welcher ich die Schimmelsporen herausnahm, um sie in die U-Röhre überzuführen. Ueberdies erhitzte man den Asbest stark, bevor man ihn mit Sporen bedeckte, und ebenso die U-Röhre. Sobald sie erkaltet war, brachte man die kleine Röhre und die Sporen in dieselbe hinein.

communicirt mit der Luftpumpe, ein anderer mit einer rothglühenden Platinröhre. Das andere Ende trägt einen Gummischlauch, welcher gleichfalls den Ballon aufnimmt, in welchen
die Sporen ausgesäet werden sollen, einen Ballon, welcher vor
der Lampe geschlossen und mit geglühter Luft und einer vorher
gekochten Flüssigkeit, welche der jungen Pflanze als Nahrung
dienen soll, gefüllt worden ist. Endlich taucht das U-Rohr in
ein Bad von Oel, gewöhnlichem Wasser oder von mit verschiedenen Salzen gesättigtem Wasser, je nachdem auf welche
Temperatur man die Sporen bringen will. Zwischen der U- und
Platinröhre ist ein Trockenrohr mit schwefelsäurehaltigem Bim-
stein eingeschaltet. Wenn der ganze Apparat, welcher der Platinröhre vorangeht, mit geglühter Luft erfüllt und die Sporen eine
ausreichende Zeit, welche man variiren kann, auf der passenden
Temperatur gehalten worden sind, bricht man mit einem Hammer-
schlag die Spitze des Ballons ab, ohne die Ligaturen des Gummi-
schlauches, welcher den Ballon mit der U-Röhre verbindet, aufzu-
knüpfen; indem man dann diese, nachdem sie aus ihrem Bade
entfernt worden ist, in passender Weise neigt, lässt man den
Asbest mit den Sporen in den Ballon gleiten. Endlich schliesst
man den Ballon wieder vor der Lampe an einer der am Halse
angebrachten Einschnürungen. Darauf bringt man ihn in den
Wärmschrank in eine Temperatur von 20 bis 30°, welche für
die schnelle Entwicklung der Mucedineen sehr günstig ist.

Das Experiment mit dem Staub der Luft wird in derselben
Weise mit Asbest, welcher einem Strom gewöhnlicher Luft gemäss den Angaben über die Methode aus Kapitel II ausgesetzt
gewesen war, angestellt.

[94] Ich will nun auf die Einzelheiten der Ergebnisse einiger
besonderer Versuche eingehen.

Am 1. Juni 1860 bringe ich in einen Ballon, welcher seit
dem 19. März Hefewasser und geglühte Luft enthält, ohne die
geringste Veränderung erfahren zu haben, einen Theil eines mit
Staub aus gewöhnlicher Luft beladenen Baumwollpfropfens,
nachdem derselbe eine Stunde lang bei 100° gehalten worden
war (Bad mit kochendem Wasser).

In der Nacht vom 4. auf den 5. Juni beginnt sich auf den
Wänden des Ballons eine Art staubartigen Niederschlages zu
zeigen, der in den folgenden Tagen schnell die Oberfläche der
Flüssigkeit befällt. Es ist eine ungefärbte Mucorinee in einem
ein wenig körnigen Häutchen, in kleinen unordentlich kreis-
förmigen Haufen, wie als wenn sie durch Gasblasen in die Höhe

gehoben wären, was jedoch nur eine Täuschung ist. Vom 9.
oder 10. Juni an hört alle Entwicklung auf, und das Häutchen
fällt in Fetzen auf den Grund des Gefässes. Ende Juni öffnete
ich den Ballon, um diese Mucorinee unter dem Mikroskop zu
untersuchen. Sie ist aus Granulationen gebildet wie im Allgemeinen alle Mucorineen, aber hier sind dieselben verhältniss-
mässig massenhaft. Ihr Durchmesser beträgt 0,002 mm. Diese
Granulationen sind einzeln oder zu Päckchen vereinigt, in ihrem
mittleren Theil glänzend und von scharf begrenzten Umrissen.
Fig. 29, Tafel II, stellt sie in Gemeinschaft mit einigen sehr
zarten kaum sichtbaren Vibrionen dar, welche keine Bewegung
mehr haben, da der Ballon geöffnet worden ist. Sie waren in
sehr geringer Zahl vorhanden.

Dieser Versuch zeigt, dass die getrockneten Keime dieser
beiden Gebilde einer Temperatur von 100° während einer Stunde
widerstehen.

Am 2. Juni 1860 bringe ich in Milch, welche seit dem
10. April bei Gegenwart von geglühter Luft ohne irgend eine
Veränderung aufbewahrt wurde, einen kleinen mit Staub
der Luft beladenen Asbestpfropfen, nachdem er eine Viertelstunde lang 100° ausgesetzt gewesen war (Bad mit kochendem
Wasser).

[95] Am 4. Juni ist die Milch nicht geronnen, sondern man
sieht an ihrer Oberfläche eine durchscheinende Serumschicht,
welche eine Veränderung anzeigt.

Am 5. und 6. Juni ist es offenbar, dass die Milch sich ändert.
Auf dem Boden des Ballons ist ein gelblicher käsiger Absatz
vorhanden; keine Spur einer Gasentwicklung. Ich hatte derartige Kennzeichen für die Veränderung der Milch noch nicht
angetroffen.

Am 7. Juni öffne ich den Ballon und prüfe die Flüssigkeit
unter dem Mikroskop; sie findet sich erfüllt von einer Menge
von Infusorien von zwei sehr distincten Arten. Die einen sind
fadenförmige, sehr bewegliche Vibrionen, welche schnell dahin
gleiten, indem sie die hintere Hälfte ihres Körpers in lebhaft
zitternde Bewegung versetzen. Sie haben eine Länge von 0,006
bis 0,009 mm und eine Breite von 0,0007 mm. Die anderen
sind kurz, sehr viel breiter, ein wenig eingeschnürt und oft zu
Ketten von zwei und drei Gliedern vereinigt. Die Länge der
Glieder beträgt 0,003 bis 0,004 mm und der Durchmesser
0,002 bis 0,003 mm. Fig. 30, Tafel II, stellt diese beiden Arten
Infusorien neben den Butterkügelchen dar.

Es entwickelte sich kein Gas, als ich den Ballon in der Quecksilberwanne öffnete.

Am 6. Juli bringe ich in einen Ballon mit zuckerhaltigem Hefewasser, das mit Kreide gemischt war, und welches ohne Veränderung seit dem 11. April bei Gegenwart von geglühter Luft aufbewahrt wurde, einen Asbestpfropfen mit Staub, der eine halbe Stunde lang bei 100° erhitzt worden war (Bad mit kochendem Wasser).

Am 8. Juli sichtbare Trübung mit einem zarten Häutchen auf allen Wänden. Am 10. Juli milchige Trübung mit runzligen Lappen in der Masse der Flüssigkeit und auf dem Grunde. Anstrich von Gasentwicklung.

Am 10. Juli öffne ich diesen Ballon; stürmische und heftige Gasentwicklung. Es ist klar, dass Gährung stattfindet. [96] Unter dem Mikroskop sind zwei Arten von Vibrionen vorhanden, welche besonders im Durchmesser ihrer Glieder von einander abweichen. Die einen haben einen Durchmesser von 0,0006 bis 0,0008 mm, die anderen von 0,0015 bis 0,002 mm und eine Länge bis zu 0,01 mm und mehr*).

Am 9. November 1860 bringe ich einen mit Staub der Luft beladenen Asbestpfropfen in einen Hefewasser enthaltenden Ballon und einen eben solchen Pfropfen in einen zweiten Urin enthaltenden Ballon. Diese Ballons waren seit dem 25. Juni aufbewahrt worden. Vor dem Hineinbringen der Pfropfen hielt man sie eine halbe Stunde lang bei 121° (Oelbad).

Am 11. November zeigte der Ballon mit Hefewasser den Anfang eines Mycelbüschels mit sehr schlaffen Hyphen, das mit ausserordentlicher Schnelligkeit wuchs. In vier Tagen erreichte es das Niveau der Flüssigkeit und trieb besonders lange ausserordentlich weisse wollige Hyphen, welche sich rasch über die Wände des Ballons ausdehnten. Die Sporen und die Fruchtträger sind in Fig. 31, Tafel II, dargestellt.

Der Ballon mit Urin fing erst am 16. November an, einen kleinen Büschel Schimmel mit sehr engen Hyphen in der Gestalt einer kleinen seidenglänzenden Kugel zu zeigen. Diese Mucedinee

---

*) Ich zweifle nicht, dass die Gährung der Flüssigkeit dieses Ballons von diesen letzteren Infusorien hervorgerufen worden ist, die vor der Berührung mit der Luft durch diejenigen der ersteren Art, welche nur gewöhnliche Vibrionen mit einem Bedürfniss nach Luft zum Leben sind, geschützt wurden. Man vergleiche meine Mittheilung vom 25. Februar 1861 an die Academie der Wissenschaften über die Entdeckung des Infusoriums, das die Buttersäuregährung hervorruft.

entwickelte sich mit einer so grossen Langsamkeit, dass sie am 27. November noch nicht die Grösse einer Erbse hatte.

An demselben Tage, am 27. November, erschien ein anderes Mycelium mit schlaffen Hyphen, welches das erstere in wenig Tagen erstickte.

Keine Infusorien weder in dem einen noch im anderen Falle.

Am 12. August 1860 dasselbe Experiment mit Hefewasser und Staub der Luft, welche vorher eine halbe Stunde lang im Oelbade bei 129° erhitzt worden war.

[97] Heute (April 1861) noch nicht die geringste Spur organisirter Gebilde.

Halten wir nun Musterung über einige Versuche mit den Sporen der gewöhnlichen Mucedineen.

Am 21. Juli 1860 bringe ich in einen Ballon, welcher ohne Aenderung seit dem 26. Juni Hefewasser und geglühte Luft enthält, einen kleinen mit Sporen von Penicillium beladenen Asbestpfropfen, welcher vorher eine halbe Stunde lang im Oelbade bei 119 bis 121° erhitzt wurde.

Am 22., 23. und 24. Juli keine Spur von Entwicklung. Am 25. Juli bedeckt eine Menge sehr kleiner Mycelrasen die Wände des Ballons. Aber es ist sonderbar, dass sich nur die Sporen auf dem Boden entwickeln. Diejenigen, welche in dem Augenblick des Einbringens des Asbestpfropfens an die Oberfläche gekommen waren, um Haufen, eine Art Flecken zu bilden, haben nicht gekeimt; sie haben keine Fruchtträger getrieben.

Am 26. Juli wahrnehmbare Entwicklung der Rasen vom Grunde, obgleich ein wenig schwach und wie mühselig. Die Sporen auf der Oberfläche der Flüssigkeit haben noch nicht gekeimt.

Am 28. Juli haben sich an der Oberfläche mehrere kleine Inselchen entwickelt, aber sie stammen von den Rasen vom Boden und nicht aus den Sporen von der Oberfläche. Diese Inselchen fangen an zu fructificiren und in ihrer Mitte grün zu werden. Hier und dort an der Oberfläche sieht man stets Haufen von Sporen, welche nicht gekeimt haben.

Am 3. August ist die ganze Oberfläche mit einem schönen kräftigen grünblauen Penicillium bedeckt. Nichts deutet darauf hin, dass er krank sei; indessen ist zu bemerken: 1. dass die Sporen, welche am 21. Juli ausgesäet wurden, erst in der Nacht vom 24. auf den 25. Juli anfingen zu keimen, während sie, wenn man sie nicht erhitzt hätte, oder selbst wenn man sie auf 100° erhitzt hätte, vom folgenden Tage an begonnen haben würden.

dem nackten Auge sichtbare Büschel von Keimschläuchen zu
zeigen; ich stellte das oft durch directe Versuche fest. [98]
2. Viele Sporen waren augenscheinlich des Lebens beraubt, und
kamen vielleicht, da sie leichter waren als die anderen, an die
Oberfläche, wo sie nicht keimten.

Das folgende Experiment wird beweisen, dass sich die Keimung, wenn man die Temperatur nur auf 108,4° anstatt auf 120°
brachte, schon nach acht und vierzig Stunden zeigt.

Am 23. Juli säete ich in einen der Ballons mit Hefewasser,
welches seit dem 26. Juni ohne Aenderung aufbewahrt worden
war, einen mit Sporen von Penicillium beladenen Asbestpfropfen aus, der vorher trocken wie in allen diesen Experimenten
während einer halben Stunde bis 108,4° erhitzt worden war
Bad von mit Salz gesättigtem kochenden Wasser).

Die Aussaat fand um Mittag am 23. Juli statt.

Seit dem 25. um 5 Uhr Abends sah man eine Unzahl Mycelbüschel auf dem Grunde der Flüssigkeit.

Es ist demnach nicht zweifelhaft, dass die Fruchtbarkeit der
Sporen von Penicillium glaucum bei Einwirkung einer
höheren Temperatur unter Ausschluss jeglicher Feuchtigkeit bei
einer Temperatur bis zu 120° und selbst mehr erhalten bleibt,
und dass sie der Mutterpflanze ganz gleiche Pflanzen hervorbringen, deren Sporen fruchtbar sind was ich durch directe
Versuche feststellte. Aber es ist nicht weniger wahr, dass
die Lebensfähigkeit des Keimes ein wenig getroffen wird, und
dass die Sporen dadurch eine wahrnehmbare Verzögerung in
ihrer Keimung erleiden.

Am 12. August 1860 wiederhole ich die vorausgehenden
Versuche mit zwei Ballons mit Hefewasser, welche seit langem
aufbewahrt worden sind, und mit Sporen von Penicillium
glaucum und Ascophora elegans, welche während einer
halben Stunde auf 127 bis 132° erhitzt wurden (Oelbad).

Weder in dem einen noch in dem anderen Ballon fand irgend
eine Entwicklung der Sporen statt.

Kurz, ich glaube aus meinen Versuchen schliessen zu können,
dass die Sporen der gewöhnlichen Mucedineen, welche im luftleeren Raum oder in trockener Luft erhitzt werden, fruchtbar
bleiben, nachdem sie auf eine Temperatur von 120° gebracht
worden sind. [99] Wahrscheinlich würde man finden, dass
man selbst ein wenig darüber hinausgehen könnte, vielleicht
bis auf 125°. Dahingegen genügt eine Exposition bei 130°
von ziemlich kurzer Dauer, um den Sporen der nämlichen

Mucedineen, welche die lebhaftesten und die wenigst empfind-
lichen zu sein scheinen, ihre Fruchtbarkeit zu rauben*). Andererseits finden wir, dass die Grenzen dieselben sind für die Fruchtbarkeit des Staubes aus der Luft, d. h. dass er Mucedineen giebt,
selbst nachdem er auf 120° gebracht worden, und dass er
keine mehr liefert, wenn man ihn der Temperatur von 130°
unterwarf.

Die Uebereinstimmung dieser Ergebnisse ist ein neuer Beweis für das Vorhandensein von Sporen der Mucedineen unter
den organisirten Körperchen, welche das Mikroskop gestattet,
so leicht in dem in der gewöhnlichen Luft suspendirten Staub
zu erkennen.

[100]   Kapitel IX.
Ueber die Ernährungsweise der eigentlichen Fermente,
der Mucedineen und der Vibrionen.

Es ist wesentlich zu beachten, dass bis auf den heutigen
Tag alle Experimente über Urzeugung mit Aufgüssen von
pflanzlichen oder thierischen Stoffen ausgeführt wurden, mit
einem Wort mit Flüssigkeiten, welche Substanzen enthalten,
die früher dem Organismus angehörten. Welches auch immer

---

* Ich muss indessen bemerken, dass sich unter der Zahl der
Mucedineen, die freilich in geringer Zahl in den Experimenten, in
welchen ich den bei 120° erhitzten Staub der Luft aussäete, auf-
traten, sich Penicillium glaucum nicht gezeigt hat. Da ist
unter anderen jene Mucedinee von so rascher Entwicklung, wovon
ich auf S. 84 gesprochen habe, deren Sporangien wollige Haufen mit
langen, sehr weissen Hyphen an der Oberfläche der Flüssigkeit bilden.
Es würde interessant gewesen sein zu sehen, ob die Sporen dieses
Schimmels nicht ein wenig besser eine hohe Temperatur ertragen als
Penicillium.

Im Verlaufe meiner Versuche hatte ich Gelegenheit, beträchtliche Unterschiede in der Entwicklungsgeschwindigkeit der Schimmelpilze zu beobachten. Ich habe Mycelien gesehen, welche mehrere
Monate brauchten, um die Grösse einer Haselnuss zu erreichen. Ich
habe andere die Flüssigkeit in einigen Tagen damit erfüllen sehen.
Hierfür können verschiedene Ursachen maassgebend sein, vorzüglich
die Beschaffenheit der Flüssigkeit. Es könnte sein, dass, wenn man
die Beschaffenheit variirt, die Rollen gewechselt werden. Ich bin
sehr oft davon betroffen gewesen, welche Menge verschiedener
Studien die Lebensweise dieser kleinen Wesen dem Geiste eingiebt.
Diese hier ist eine unter tausend ebenso interessanten oder noch
interessanteren.

die vorausgehenden Temperatur- und Kochbedingungen sein
mögen, denen man sie unterwirft, diese Substanzen haben eine
Constitution und Eigenschaften, welche sie unter dem Einfluss
des Lebens erwarben.

Diese Thatsache diente allen Theorien über die Urzeugung
als Thema. Nun werde ich in diesem Kapitel zeigen, dass das
Auftreten niederer Organismen nicht nothwendig die Gegenwart
organischer plastischer Substanzen voraussetzt, jener Eiweissstoffe, welche der Chemiker nicht hat hervorbringen können,
und welche zu ihrer Bildung die Mitwirkung der Lebenskräfte
erfordern.

Die neuen Versuche, welche ich im Begriffe bin mitzutheilen,
werden zeigen, wie gering die Grundlage aller Theorien über
die spontane Bildung niederer Organismen ist. Durchmustern
wir zuerst jene Theorien, an welchen die Einbildungskraft einen
so grossen Antheil hat, und in denen von den wahren Grund-
sätzen experimenteller Methode so wenig zu finden ist.

Needham nahm in der organischen Substanz das Vorhandensein einer besonderen Kraft an, welche er vegetative Kraft
nannte, und welche den Tod der Pflanzen und Thiere überlebte.
Specifisch bestimmt im Individuum bewahrte sie ihm seine Gestalt und Eigenschaften während des Lebens. Aber bei seinem
Tode wurde sie frei, und ihre Aeusserungen hingen ab von den
besonderen Verhältnissen, unter welche sich die getrennten
Theile des Körpers des Individuums gestellt sahen. [101] Und
so organisirte diese Kraft, welche in der organischen Materie
der Aufgüsse fortbesteht, von neuem diese Materie nach einer
Art und Weise, welche nunmehr nur von den dem Aufguss
eigenthümlichen Bedingungen abhing*).

Buffon's System der organischen Molecüle hat viel Beziehung
zu den Ideen *Needham's*. Ich werde die Ansichten des grossen
Naturforschers über die Urzeugung wörtlich anführen**.

»Meine Untersuchungen und meine Experimente«, sagt
Buffon, »über die organischen Molecüle zeigen, dass es keine
präexistirende Keime giebt, und beweisen gleichzeitig, dass das
Entstehen der Thiere und Pflanzen nicht eindeutig ist, dass es
vielleicht ebenso viel Wesen, lebende wie pflanzliche, giebt,
welche sich durch die zufällige Vereinigung der organischen

---

*) Vergl. *Spallanzani*, Opuscules. Darstellung der neuen Ideen
des Herrn *v. Needham* über das System der Zeugung. Bd. I, Kap. I.
** Supplément Histoire de l'Homme. 1778. t. VIII. édition
in — 12).

Molecüle fortpflanzen, als es Thiere oder Pflanzen giebt, welche
sich durch eine ununterbrochene Reihe von Generationen fortpflanzen . . .

Die immer activen und fortdauernden organischen Molecüle
gehören ebenso den Pflanzen wie den Thieren an: sie durchdringen die rohe Materie, bearbeiten sie, rühren sie nach allen
Richtungen auf und machen sie zur Grundlage für das Gewebe
der Organisation, deren einzige Principien und Werkzeuge diese
lebenden Molecüle sind; sie sind nur einer einzigen Macht unterworfen, welche, obgleich passiv, ihre Bewegungen lenkt und
ihre Stellung bestimmt. Diese Macht ist die innere Form des
organisirten Körpers; die lebenden Molecüle, welche das Thier
oder die Pflanze aus den Nahrungsmitteln oder dem Safte zieht,
werden allen Theilen der inneren Form ihres Körpers assimilirt,
sie durchdringen sie nach allen Richtungen, sie bringen in sie
das Wachsthum und das Leben hinein, sie machen diese Form
lebendig und in allen Theilen wachsen; die innere Gestalt dieser
Form bestimmt allein die Bewegung und Stellung der Molecüle
für die Ernährung und die Entwicklung in allen organisirten
Wesen.

[102] Und da der Tod das Feuer der Organisation, d. h.
die Macht dieser Form auslöscht, so folgt die Zersetzung des
Körpers, und die organischen Molecüle, welche alle weiter leben,
gehen, indem sie sich in der Zersetzung und in der Fäulniss der
Körper wieder in Freiheit befinden, alsobald in andere Körper
über, als sie durch die Macht irgend einer anderen Form an-
gezogen werden in der Weise, dass sie ohne Aenderung und mit
der beständigen und dauernden Eigenschaft, ihnen Nahrung und
Leben zu bringen, von dem Thiere auf die Pflanze und von der
Pflanze auf das Thier übergehen können; nur tritt eine Unzahl
von Generationen durch Urzeugung in diesem Medium auf, wo
die Macht der Form ohne Wirkung ist, d. h. in der Zwischen-
zeit, während welcher die organischen Molecüle sich in der
Substanz der todten und zersetzten Körper in Freiheit befinden,
seitdem sie nicht mehr von der inneren Form der organisirten
Wesen absorbirt werden, welche die gewöhnlichen Arten der
lebenden oder vegetirenden Natur zusammensetzen; diese immer
activen organischen Molecüle arbeiten daran, die verfaulte
Materie aufzurühren, sie eignen sich einige rohe Theilchen an
und bilden durch ihre Wiedervereinigung eine Menge kleiner
organisirter Körper, von denen die einen wie die Erdwürmer,
die Schwämme u. s. w. Thiere oder ziemlich grosse Gewächse

zu sein scheinen, von denen die anderen aber in fast unendlicher
Zahl nur unter dem Mikroskop zu sehen sind. Alle diese Körper
existiren nur durch Urzeugung und erfüllen den Raum, welchen
die Natur zwischen das einfache lebende organische Molecül
und das Thier oder die Pflanze eingeschaltet hat; daher findet
man alle Grade, alle denkbaren Nuancen in diesem Gefolge, in
dieser Kette von Wesen, welche von dem höchst organisirten
Thiere bis zum einfachsten organischen Molecül hinabreicht; für
sich genommen ist dies Molecül weit entfernt von der Natur des
Thieres. Mehrere zusammen genommen, würden diese lebenden
Molecüle noch eben so weit davon entfernt sein, wenn sie sich
nicht rohe Theilchen aneigneten, [103] und wenn sie dieselben
nicht in einer gewissen Form vertheilten, welche sich derjenigen
der inneren Form der Thiere oder der Gewächse nähern. Und
da diese Anlage der Form unendlich variiren kann, eben so sehr
in Bezug auf die Zahl, als durch die verschiedene Wirkung der
lebenden Molecüle auf die rohe Materie, so müssen daraus
hervorgehen, und in der That gehen daraus hervor. Wesen von
allen Graden thierischen Lebens. Und diese Urzeugung, welcher
alle diese Wesen in gleicher Weise ihre Existenz verdanken,
tritt in Thätigkeit und bekundet sich alle Mal, wenn die organisirten Wesen sich zersetzen: sie bethätigt sich constant und ganz
allgemein nach dem Tode und zuweilen auch während des Lebens
dieser Wesen, wenn einige Mängel in der Organisation des
Körpers vorhanden sind, welche die innere Form hindern, alle
organischen Molecüle, welche in den Nahrungsmitteln vorhanden sind, zu absorbiren und zu assimiliren. Diese über-
flüssigen organischen Molecüle, welche die innere Form des
Thieres zu ihrer Ernährung nicht durchdringen können, bemühen sich, sich mit einigen Theilchen der rohen Materie der
Nahrungsmittel zu vereinigen. und bilden wie bei der Fäulniss
organisirte Körper: das wird der Ursprung für die Tänien,
die Ascariden, die Leberwürmer u. s. w.«

Ein Botaniker, *Turpin*, hat zu unserer Zeit ein System eingeführt, welches viel Aehnlichkeit hat mit demjenigen der organischen Molecüle *Buffon's* (man vergleiche seine Abhandlung
im 17. Bande der »Mémoires de l'Académie des Sciences«).

Ich komme jetzt zu *Pouchet's* System*). »Man kann es«, sagt
er, »als ein fundamentales Gesetz betrachten, dass Gährungs-

---

* Traité de la génération spontanée 1859, S. 335 u. folgende.

erscheinungen oder Erscheinungen catalytischer Zersetzung jeder
Urzeugung vorausgehen oder dieselbe begleiten . . .

Die Organismen entstehen nur, wenn die Natur selbst stirbt,
und in dem Augenblick, wo die Elemente der Wesen, aus welchen sie entstehen, in neue chemische Verbindungen eintreten
und alle Erscheinungen der Gährung oder der Fäulniss aufweisen.

[104] Hieraus ergiebt sich, dass sich die ersten Generationen
erst zeigen, nachdem die Körper, aus denen sie entstehen, anfangen, die ersten Erscheinungen der Zersetzung zu erleiden;
wie wenn die neuen Wesen, um sich zu organisiren, den Zerfall
der anderen erwarteten, um sich der Molecüle der sterbenden
Substanz zu bemächtigen, in dem Maasse wie sie in Freiheit
gesetzt werden. Es ist klar, dass der Organismus seine materiellen Bestandtheile nur aus den Leichnamen der alten Generationen schöpft . . .

So zersetzen sich unter der Herrschaft der Gährung oder
der Fäulniss die organischen Körper und heben den Verband
ihrer organischen Molecüle auf; nachdem sie eine unbegrenzte
Zeit in der Freiheit umhergeirrt sind, gruppiren sich diese Molecüle, wenn sich die bildungsfähigen Zustände zu zeigen anfangen,
von neuem, um ein neues Wesen aufzubauen . . .

Bald nachdem sich Erscheinungen der Gährung und Fäulniss
bemerkbar machen, erkennt man, dass sich an der Oberfläche
der Flüssigkeiten in den Versuchen ein anfänglich unsichtbares
Häutchen bildet, welches kaum mit dem Mikroskop entdeckt
wird; dann verdichtet es sich allmählich und wird schliesslich
zuweilen selbst ziemlich zähe. Dies Häutchen ist augenscheinlich aus Ueberresten von Thierchen zusammengesetzt, anfänglich
von solchen der niedrigsten Ordnung, später von immer höheren
Arten aus der Reihe der Mikrozoen. Diese Pseudomembran
habe ich »pellicule proligère« genannt, weil sie augenscheinlich nach Art eines improvisirten Ovariums die Thierchen erzeugt. Man kann ihre Entwicklung darin mit Hülfe unserer
Instrumente verfolgen und erkennen, dass sie aus den organischen Ueberresten selbst entstehen, aus denen sie sich zusammen-
setzt. . . .

Die Protozoen, welche zuerst das »pellicule proligère« bilden,
sind Monaden, Bacterien und Vibrionen. [105] Wie sind diese
Thierchen entstanden? Wir können es nicht sagen, da ihre
ausserordentliche Kleinheit sie jeder Art Nachforschung entzieht. . . .

Wenn Pflanzen an der Oberfläche der Macerationen erscheinen, so wird die Keime enthaltende Pseudomembran alsdann fast ausschliesslich aus dem Geflecht der Mycelien, aus
rudimentären Pilzen gebildet, welche man an der Oberfläche
beobachtet. ... Man könnte also hinzufügen, dass eine crypto-
gamische »pellicule proligère« vorhanden ist.«

Aus der Vereinigung der Theile der »pellicule proligère«
entstehen von selbst die Eier der niederen Wesen. *Pouchet*
beschreibt alle Phasen dieser Erscheinung.

So ist das System des gelehrten Naturforschers von Rouen
das Werk einer fruchtbaren Einbildungskraft, welche von irrthümlichen Beobachtungen geleitet wird *).

Durch Mittheilung der Principien der Systeme über die Urzeugung, welche am meisten Anklang gefunden haben, verfolge
ich den hauptsächlichsten Zweck. zu zeigen, dass man in allen
die organische Materie der Aufgüsse eine wesentliche Rolle
spielen lässt. Durch sich selbst würde sie besondere Eigenschaften geniessen, welche sie während ihrer früheren Bildung
unter dem Einfluss des Lebens erworben hatte.

Die Eiweissstoffe würden sich sozusagen einen Ueberrest
von Lebenskraft bewahren, welche ihnen erlauben würde, sich
bei Berührung mit Sauerstoff zu organisiren. wenn die Tempe-
ratur- und Feuchtigkeitsbedingungen günstig sind.

Wir werden einsehen, dass diese Ansichten vollständig irrig
sind. dass die Eiweissstoffe für die Keime der Infusorien und
Mucedineen nur ein Nahrungsmittel sind. und dass sie in den
Aufgüssen keine andere Rolle spielen. [106] denn man kann sie
durch krystallisirbare Stoffe wie Ammoniaksalze und Phosphate
ersetzen.

So finden sich alle Theorien bezüglich der Urzeugung der
niedrigsten Wesen einer ihrer wichtigsten Grundlagen beraubt.

Das Experiment hat mir in der That gezeigt, dass man in
den Versuchen der Kapitel IV, V. VI das zuckerhaltige Wasser
der Bierhefe. Urin, Milch u. s. w. durch einen Aufguss folgender
Zusammensetzung ersetzen konnte:

---

*) In den Ann. des Sc. nat. t. III 1845 kann man Behauptungen über
die Urzeugung der Infusorien und Cryptogamen lesen, welche nicht
weniger klar von Doctor *Pineau* formulirt sind. Man vergleiche auch
das Werk von *Paul Laurent*, einem alten Schüler der Polytechnischen
Schule, welches betitelt ist: Études physiologiques sur les animal-
cules des infusions. Nancy 1853.

Reines Wasser 100
Krystallisirter Zucker 10
Weinsaures Ammonium. . . . . 0,2—0,5
Geschmolzene Asche von Bierhefe   0,1.

Wenn man in diese Flüssigkeit bei Gegenwart von geglühter Luft in der Luft suspendirten Staub aussät, sieht man in ihr Bacterien, Vibrionen, Mucedineen u. s. w. entstehen. Die stickstoffhaltigen Eiweissstoffe, die Fette, die flüchtigen Oele und die diesen Organismen eigenthümlichen Farbstoffe werden vollständig mit Hülfe der Bestandtheile des Ammoniaks, des Phosphats und des Zuckers gebildet.

Setzen wir die Flüssigkeit unter Hinzufügung von Kreide ebenso zusammen:

Reines Wasser. 100
Krystallisirter Zucker 10
Weinsaures Ammonium . . . . 0,2—0,5
Geschmolzene Asche von Bierhefe   0,1
Reiner kohlensaurer Kalk . . . 3—5 g,

so treten die nämlichen Erscheinungen auf, aber mit einer ausgesprocheneren Richtung auf die sogenannte Milchsäure-, schleimige und Buttersäure-Gährung, und alle pflanzlichen und thierischen Fermente, welche diesen Gährungen eigenthümlich sind, entstehen gleichzeitig oder nach einander.

[107] Ich werde nächstens eine detaillirtere Arbeit über die Ergebnisse, welche ich bei diesen Studien erhielt, die mir in Bezug auf die Frage nach der sogenannten Urzeugung immer ein grosses Interesse darzubieten schienen, veröffentlichen.

Durch sie bin ich dazu geführt worden, die folgenden Experimente anzustellen, deren Erfolg meine Erwartung übertroffen hat.

In reinem destillirten Wasser löse ich ein krystallisirtes Ammoniaksalz, krystallisirten Zucker und Phosphate, welche aus der Verbrennung von Bierhefe herrühren, auf; dann säe ich in die Flüssigkeit einige Sporen von Penicillium oder irgend einer anderen Mucedinee aus*). Diese Sporen keimen leicht und

---

*) Folgendes ist die Zusammensetzung einiger Flüssigkeiten, deren ich mich bediente:

bald, höchstens in zwei bis drei Tagen, die Flüssigkeit ist mit Mycelflocken erfüllt, von denen eine grosse Zahl nicht zögert, sich auf der Oberfläche der Flüssigkeit, wo sie fructificiren, auszubreiten. Die Vegetation hat nichts Sieches. Durch die vorsichtige Anwendung eines sauren Ammoniaksalzes verhindert man die Entwicklung der Infusorien, welche durch ihre Gegenwart bald das Wachsthum der kleinen Pflanzen aufhalten würden, indem sie den Sauerstoff der Luft, den die Mucedinee nicht entbehren kann, absorbiren. Aller Kohlenstoff der Pflanze wird dem Zucker, welcher nach und nach vollständig verschwindet, ihr Stickstoff dem Ammoniak, ihre mineralischen Bestandtheile den Phosphaten entnommen. ¯108] In Bezug auf die Assimilation des Stickstoffs und der Phosphate ist also eine vollständige Analogie zwischen den Fermenten, den Mucedineen und den Pflanzen verwickelterer Organisation vorhanden.

Wenn ich in dem soeben mitgetheilten Experiment den einen der gelösten Bestandtheile unterdrücke, wird die Vegetation aufgehalten. Zum Beispiel ist die mineralische Substanz diejenige, welche für Wesen dieser Beschaffenheit am wenigsten unumgänglich nothwendig zu sein scheinen würde. Nun aber ist, wenn die Flüssigkeit der Phosphate beraubt ist, kein Wachsthum mehr möglich, welches auch immer das Verhältniss des Zuckers und der Ammoniaksalze sein mag. Kaum beginnt die Keimung der Sporen unter dem Einfluss der Phosphate, welche die ausgesäeten Sporen selbst in ausserordentlich kleiner Menge hineinbringen. Unterdrückt man in derselben Weise das Ammoniaksalz, so erfährt die Pflanze keine Entwicklung. Es findet nur ein sehr dürftiger Anfang der Keimung statt als Wirkung der Gegenwart

20 Gramm krystallisirter Zucker,
2   »   doppelt weinsaures Ammonium.
0,5 »   Asche der Bierhefe,
1   Liter reines Wasser,

20 Gramm krystallisirter Zucker,
1   »   Weinsäure,
1   »   salpetersaures Kalium,
0,5 »   Hefeasche,
1   Liter reines Wasser.

Auf die Oberfläche dieser Flüssigkeiten oder anderer analoger säete ich die Sporen der Mucedineen aus.

Das Ammoniaksalz kann man durch ein Salz von Aethylamin ersetzen. Doch erhielt ich niemals eine Entwicklung kleiner Pflanzen, wenn ich die Phosphate durch Arseniate ersetzte. In ihrer Sitzung vom 12. November 1860 habe ich der Academie diese Ergebnisse in mannigfaltigen Beispielen vor Augen geführt.

der Eiweissstoffe aus den ausgesäeten Sporen, obgleich Ueberfluss an freiem Stickstoff in der umgebenden Luft oder an ge-
löstem in der Flüssigkeit ist. Schliesslich verhält es sich ebenso,
wenn man den Zucker unterdrückt, den kohlenstoffhaltigen
Nährstoff, selbst dann, wenn die Kohlensäure in beliebigen Verhältnissen in der Luft oder in der Flüssigkeit vorhanden ist.
Alles deutet in der That darauf hin, dass die Mucedineen in Bezug auf den Ursprung des Kohlenstoffs wesentlich von den
phanerogamen Pflanzen abweichen. Sie zersetzen keine Kohlensäure und entwickeln keinen Sauerstoff. Die Absorption des
Sauerstoffs und die Entwicklung der Kohlensäure sind im
Gegentheil nothwendige und dauernde Vorgänge ihres Lebens.

Diese Thatsachen geben uns genaue Vorstellungen über die
Art der Ernährung der Mucedineen, bezüglich welcher die
Wissenschaft noch keine zusammenhängende Beobachtungen
besitzt*).

---

*) Ein ausgezeichneter Beobachter, *Bineau*, hat uns über die gewöhnlichen Algen, ein wenig höhere Pflanzen als die Mucedineen,
von welchen sie sich besonders durch die Gegenwart der grünen
Materie unterscheiden, die folgenden Beobachtungen hinterlassen,
welche zeigen, dass die Algen Ammoniak zersetzen können.

»Seit mehreren Monaten hat Herr *Lortet* die Gefälligkeit, für mich
die zu Oullins aufgefangenen Regenwässer zu sammeln und mir alle
acht bis vierzehn Tage zuzustellen. Um mit Anfang Mai zu beginnen,
so findet in der Zusammensetzung dieser Wässer ein schroffer Wechsel
statt. Das Ammoniak verschwindet aus denselben vollständig. Ich
machte Herrn *Lortet* darüber eine Bemerkung, welcher mir alsdann
mittheilte, dass die für unsere Wässer als Recipient dienende Flasche
anfing, jene grünen organisirten Gebilde zu zeigen, deren Ausbreitung
unter dem Einfluss der Temperatur der warmen Jahreszeit und des
Lichtes so mächtig wird.

Daraufhin habe ich besondere Studien über diesen Punkt, über
die Einwirkung der Algen auf die Ammoniaksalze und auf die Ni-
trate, welche in dem umspülenden Wasser gelöst waren, angestellt.
Einerseits habe ich mit der Alge, welche ich durch ihre sonderbare
netzförmige Textur leicht als Hydrodictyon pentagonale erkannte,
andererseits mit einer Conferve mit langen grünen Fäden operirt,
welche Conferva vulgaris zu sein scheint. ¦

Unter sich nach Augenmaass gleiche Mengen von jeder der
beiden erwähnten Algenarten wurden in Flaschen mit eingeschliffenen
Stöpseln, die ein wenig mehr als einen halben Liter Rauminhalt hatten,
mit 250 Cubikcentimeter Wasser, dem 12 ein Millionstel Ammoniak
in Form des salzsauren Salzes und eine klein wenig geringere Menge
Kalknitrat zugemischt waren, eingeschlossen. Ein Theil der Flaschen
wurde darauf vor ein Fenster gesetzt, wo sie die Sonnenstrahlen em-
pfingen, die anderen in ihre Nähe, aber in das Dunkle.

[109] Andererseits, und dies hat man vielleicht vorzugsweise zu beachten, decken sie uns eine Methode auf, mit deren Hülfe die Pflanzenphysiologie ohne Mühe die heikelsten Fragen des Lebens dieser kleinen Pflanzen in Angriff nehmen könnte. um so sicher den Weg zum Studium derselben Probleme bei den höheren Pflanzen zu bahnen.

Selbst dann, wenn man fürchtete, auf die grossen Gewächse die Ergebnisse, welche diese dem Anscheine nach so niedrigen Organismen liefern. nicht übertragen zu dürfen, so würde nichtsdestoweniger ein grosses Interesse vorliegen, [110] die Schwierigkeiten zu heben, welche das Studium des Pflanzenlebens hervorruft, indem man mit denjenigen Pflanzen beginnt, bei welchen die geringere Complication der Organisation die Schlüsse einfacher und sicherer macht: die Pflanze wird sozusagen auf den cellulären Zustand zurückgeführt, und der Fortschritt der Wissenschaft zeigt mehr und mehr, dass das Studium der sich unter dem Einfluss des pflanzlichen oder thierischen Lebens in den verwickeltsten Kundgebungen abspielenden Vorgänge sich zu guter Letzt auf die Entdeckung der der Zelle eigenthümlichen Phänomene zurückführt.

Nach zehn Tagen wurde die Flüssigkeit aus jeder Flasche filtrirt und einem ammonimetrischen Versuch unterworfen.

Es wurde gefunden, dass Hydrodictyon fast drei Viertel des Ammoniaks und Conferva vulgaris fast die Hälfte zum Verschwinden gebracht hatte. Im Dunkeln war die Absorption des Ammoniaks fast um die Hälfte geringer.

In keiner der Flüssigkeiten der Flaschen blieb die geringste berechenbare Spur Stickstoff zurück.

Eine bemerkenswerthe Entwicklung von Gasblasen zeigte sich wie gewöhnlich unter dem Einfluss der Sonnenstrahlen um die dem Experiment unterworfenen Pflanzen herum.« (Mémoires de l'Académie des Sciences de Lyon t. III 1853.)

Anmerkungen.

1. Die vorstehende Untersuchung bringt den, wie aus dem »Historischen« ersichtlich, Jahrhunderte alten Streit über das Vorhandensein der Urzeugung zum Abschluss. Nachdem *Pasteur* das Mangelhafte in der Beweisführung beider streitenden Parteien aufgedeckt hat, tritt er vollkommen unvoreingenommen an das Problem heran und löst dasselbe in exactester und einwurfsfreier Weise. Dadurch ist die Untersuchung mustergültig geworden. Demnach entstehen selbst die niedrigsten uns bekannten Organismen (Infusorien, Bacterien, Pilze) nicht spontan, sondern aus Keimen.

Nichtsdestoweniger ist immer wieder das Vorhandensein der Urzeugung behauptet worden, und in gewissem Sinne tobt der Streit auch heute noch weiter. Aus dem Gesetz der Erhaltung von Kraft und Stoff muss nämlich Urzeugung gefordert werden. »Die Urzeugung leugnen, heisst das Wunder verkünden«, ruft *Nägeli* in seiner »Mechanisch-physiologischen Theorie der Abstammungslehre« (München und Leipzig 1884) aus, einem Werke, in welchem er diesem Probleme eine eingehende Betrachtung widmet. Zur tieferen Belehrung über diesen Punkt mag deshalb auf dies Werk hingewiesen werden. Den Widerspruch zwischen den Ergebnissen der exacten Forschung und der naturphilosophischen Forderung suchte man durch die Annahme zu beseitigen, dass die Keime in Meteorsteinen eingeschlossen aus anderen Welten auf unseren Planeten gelangt seien. Damit wäre aber das Problem nicht gelöst, sondern nur verschoben, ganz abgesehen davon, dass die Lebensfähigkeit der auf die Erde gelangten Keime höchst unwahrscheinlich ist. Die Lösung dieses Widerspruches musste anderswo gesucht werden und scheint uns in der überzeugendsten Weise von *Nägeli* erbracht zu sein.

Mit Recht weist er darauf hin, dass selbst die niedrigsten uns bekannten Organismen, für die Urzeugung in Betracht kommen könnte, viel zu complicirt gebaut sind, um spontan entstanden zu sein. Weisen sie auch im Vergleich mit den höheren Organismen nur eine beschränkte Differenzirung der Functionen auf, so ist doch schon eine solche vorhanden, und das lässt auf eine lange Ahnenreihe schliessen. Das durch Urzeugung entstehende Wesen muss vollkommen einfach sein, »so kann es nur ein Tröpfchen von homogenem Plasma sein, das blos aus Albuminaten ohne Beimengung von anderen organischen Verbindungen als den Nährstoffen, ohne äussere Formbildung und ohne innere Gliederung besteht und durch die unorganischen oder einfacheren organischen Verbindungen. aus denen es selbst entstanden ist, sich vergrössert und ernährt.« Da bereits die Bacterien an der Grenze des Sichtbaren stehen, so können wir nicht erwarten, diese durch Urzeugung entstandenen Wesen, »Probien«, welche viel kleiner sein müssen, wahrzunehmen.

So löst sich ungezwungen der Widerspruch. und es behalten beide Parteien, die Anhänger der Urzeugung wie ihre Gegner, Recht.

2. Der Ausdruck Mucedineen ist in Frankreich gebräuchlicher als bei uns, wo diese Gruppe von Pilzen meistens als Hyphomyceten bezeichnet wird.

3. Heterogenie oder heterogene Zeugung = Urzeugung, weil die entstehenden Pflanzen oder Thiere nicht aus Gleichartigem hervorgegangen sind. — Heterogenisten = Anhänger der Lehre von der Urzeugung.

4. Die beiden Tafeln sind Abzüge der Originalplatten, welche Verfasser und Verleger gütigst zur Verfügung stellten. Um die beträchtlichen Kosten für Aenderung der Platten zu sparen, sind die französischen Bezeichnungen auf den Tafeln nicht übersetzt worden. Dieselben sind ganz unabhängig von dem Text; auch darf ohne Weiteres vorausgesetzt werden, dass die Leser des Französischen so weit mächtig sind, um sie zu verstehen.

Druck von Breitkopf & Härtel in Leipzig.

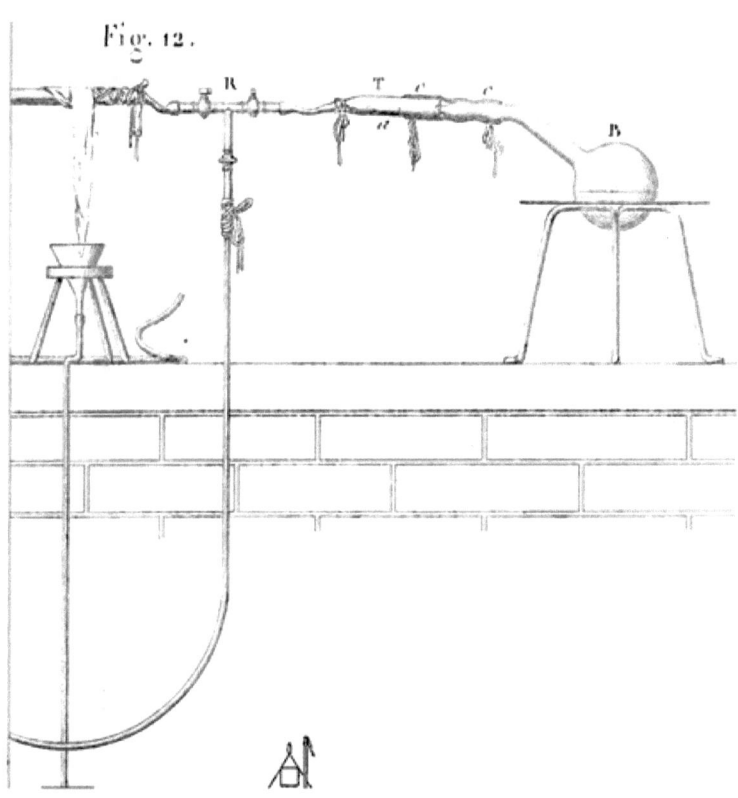

Fig. 12.

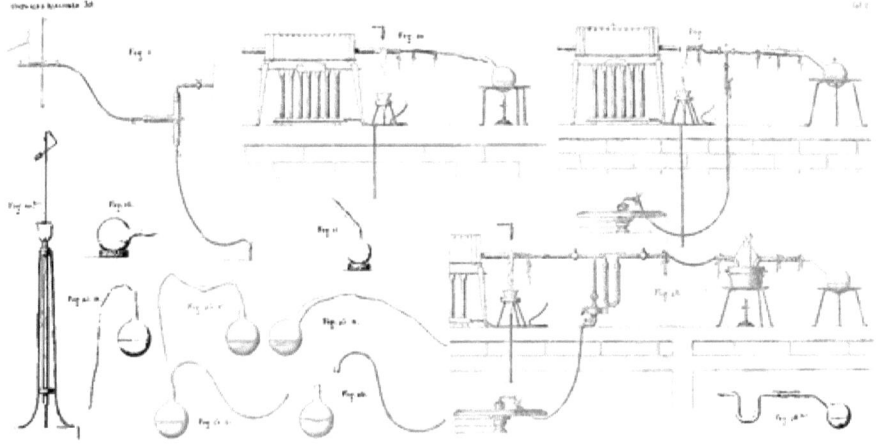

Fig. 14

C

D

F

G

mètre moyen =

L

M

g. 27.

Diamètre d

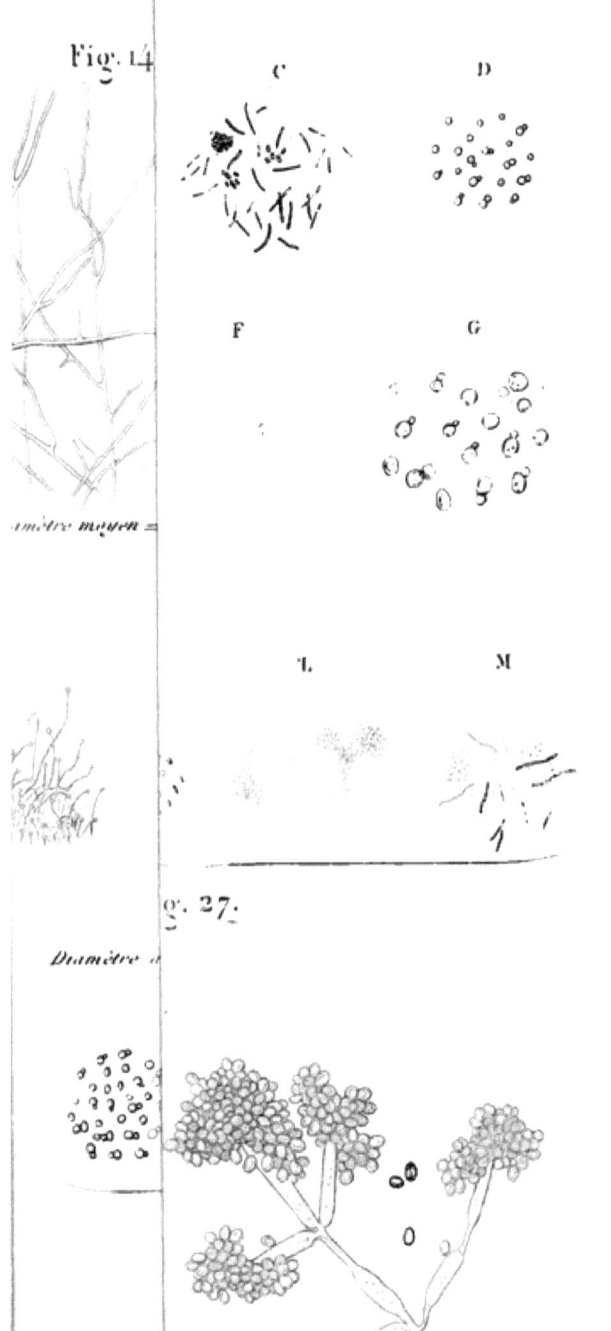

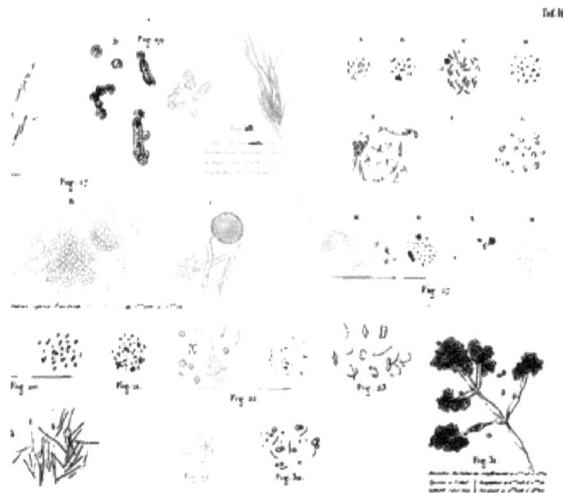